JN193439

新・数理/工学ライブラリ [数学]＝5

理工学のための
ラプラス変換・フーリエ解析

泉　英明 著

数理工学社

サイエンス社・数理工学社のホームページのご案内
http://www.saiensu.co.jp
ご意見・ご要望は　suuri@saiensu.co.jp　まで.

まえがき

この本は，微分積分の初歩を勉強した人を対象に，工学で重要なラプラス変換・フーリエ解析を学ぶための教科書です．

第 1 章では，ラプラス変換について学びます．まず，ラプラス変換の定義で用いられる広義積分について復習します．それから，ラプラス変換を定義し，ラプラス変換のいろいろな性質を学びます．第 2 章では，ラプラス変換の常微分方程式への応用について学びます．定数係数線形常微分方程式の両辺をラプラス変換すると，1 次方程式に変わります．この 1 次方程式を解いて，ラプラス逆変換すると，元の微分方程式の解が得られます．ラプラス変換，ラプラス逆変換には積分計算が必要であり大変なので，簡便にラプラス変換表を用いた手法を学びます．

第 3 章では，フーリエ級数・フーリエ積分について学びます．フーリエ級数は，任意の周期関数をサイン・コサインの和で表そうという試みで，フーリエ級数表示を用いると，線形偏微分方程式に初期条件を付けて解くことが可能になります．また，必ずしも周期的ではない関数をサイン・コサインで表す方法としてフーリエ積分があります．第 4 章では，フーリエ解析の応用として代表的な偏微分方程式である熱伝導方程式や波動方程式を解きます．

付録では，ラプラス変換・フーリエ解析の理論で重要である複素解析とそれに必要なベクトル解析について簡潔にまとめています．

全体として，とてもやさしく説明することを心がけましたので，微分積分の知識があれば，十分にラプラス変換・フーリエ解析のすばらしさを味わうことができると思います．

最後になりましたが，この本の刊行に賛同していただいた数理工学社の田島伸彦さん，鈴木綾子さん，岡本健太郎さんには心からの感謝を申し上げます．

2018 年 4 月　　泉 英明

目　次

第1章
ラプラス変換

まず，ラプラス変換の定義で用いられる広義積分を復習する．それから，ラプラス変換を定義し，ラプラス変換のいろいろな性質を学ぶ．関数をラプラス変換すると，全く見かけの違う関数になるけれども，元の関数とラプラス変換された関数には大いに関連がある．その感覚を身につけよう．

［1章の内容］

1.1 広義積分

区間 $[a,b]$ で定義された連続関数 $f(x)$ が与えられたとき，関数 $y=f(x)$ のグラフと x 軸，2 直線 $x=a, x=b$ で囲まれた部分の面積を S とする．微分積分で学んだように，S は定積分を使って求めることができる．もし，$[a,b]$ で $f(x) \geq 0$ ならば，

$$S=\int_a^b f(x)\,dx$$

が成り立ち，$[a,b]$ で $f(x) \leq 0$ ならば，

$$S=-\int_a^b f(x)\,dx$$

となる．また，$f(x)$ が正の部分と負の部分が混在するときは，

$$S=\int_a^b |f(x)|\,dx$$

となり，実際の計算では区間を分割して S を求める（図 1.1）．

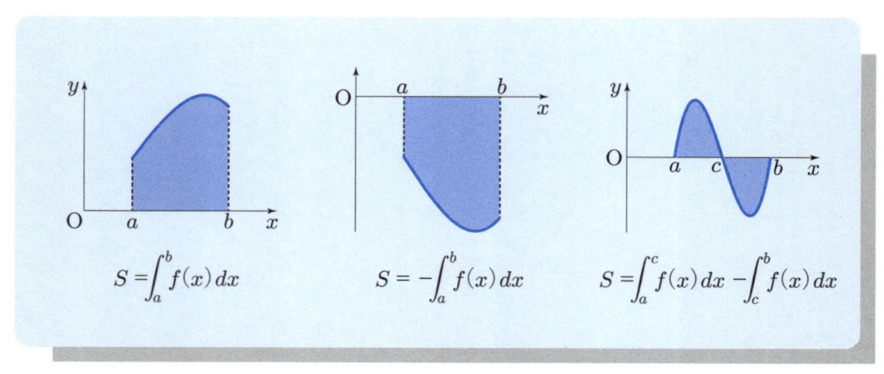

図 1.1　面積を積分で求める

考えている連続関数が，区間の端点で発散していたり，積分区間の上端を ∞ としたいとき，あるいは下端を $-\infty$ としたいときには通常の積分ではなく**広義積分**が必要になる．広義積分を行うには，まず，発散する点を含まないように元の区間よりも狭い有限区間で定積分を行い，その後，積分区間を元の区間

まで拡げていったときの定積分の極限値を求めればよい．

例として，区間 $(a,b]$ で連続で，$x=a$ で発散している関数 $f(x)$ の広義積分は

$$\int_a^b f(x)\,dx = \lim_{\varepsilon\to+0}\int_{a+\varepsilon}^b f(x)\,dx$$

で定義される．ここで，$\varepsilon\to+0$ は ε を正の値のまま 0 に近づけることをいう．また，区間 $[a,b)$ で連続で，$x=b$ で発散している関数 $g(x)$ の広義積分は

$$\int_a^b g(x)\,dx = \lim_{\varepsilon\to+0}\int_a^{b-\varepsilon} g(x)\,dx$$

で定義される．

例題 1.1（有限区間における広義積分）

(1) 関数 $\dfrac{1}{x}$ を区間 $(0,1]$ で広義積分せよ．

(2) 関数 $\dfrac{1}{\sqrt{x}}$ を区間 $(0,1]$ で広義積分せよ．

解答 (1)

$$\begin{aligned}\int_0^1 \frac{1}{x}\,dx &= \lim_{\varepsilon\to+0}\int_\varepsilon^1 \frac{1}{x}\,dx \\ &= \lim_{\varepsilon\to+0}\left[\log|x|\right]_\varepsilon^1 \\ &= \lim_{\varepsilon\to+0}(\log 1-\log\varepsilon) \\ &= +\infty\end{aligned}$$

← $\log x$ は $x\to+0$ のとき $-\infty$ に近づくので，$0-(-\infty)=+\infty$ となる

(2)

$$\begin{aligned}\int_0^1 \frac{1}{\sqrt{x}}\,dx &= \lim_{\varepsilon\to+0}\int_\varepsilon^1 x^{-1/2}\,dx \\ &= \lim_{\varepsilon\to+0}\left[2\sqrt{x}\right]_\varepsilon^1 \\ &= \lim_{\varepsilon\to+0}(2-2\sqrt{\varepsilon}) \\ &= 2\end{aligned}$$

← $\displaystyle\int x^{-1/2}\,dx = \frac{1}{(-1/2)+1}x^{1/2} = 2\sqrt{x}$

□

上の 2 つの例から分かるように，$x = 0$ で同じように発散している関数であっても，広義積分の値が収束したり発散したりする．これはグラフを見ただけでは判断できず，実際に計算してみるしかない（図 1.2）．

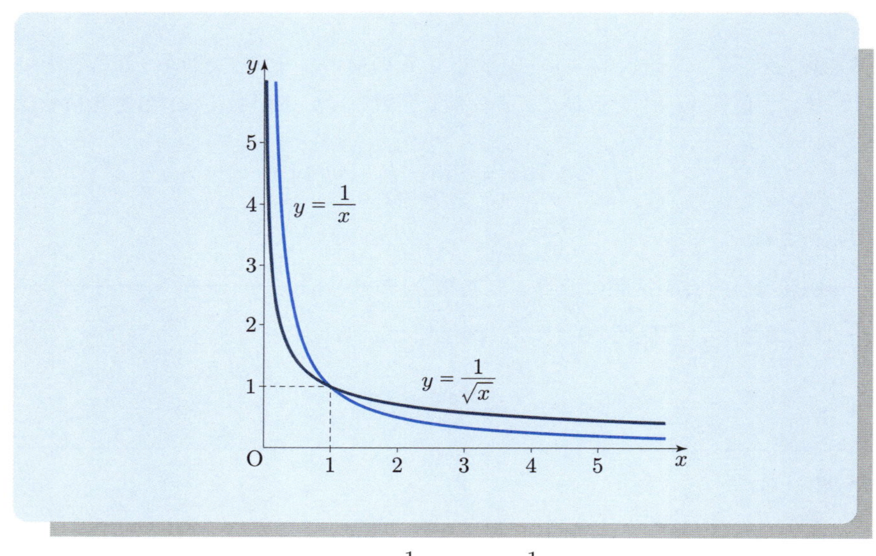

図 1.2　$y = \dfrac{1}{x}$ と $y = \dfrac{1}{\sqrt{x}}$ の比較

もう一つ注意したいのは，例題 1.1 においては，広義積分の記号は見かけ上，定積分の記号と違いがないことである．積分区間において，関数が発散する点を含んでいるかどうかで広義積分か，通常の定積分かを判断しなければならない．

問題 1.1　次の広義積分を求めよ．

(1)　$\displaystyle\int_0^2 \frac{1}{x^3}\,dx$

(2)　$\displaystyle\int_0^1 \frac{1}{\sqrt[3]{x}}\,dx$

次に，無限大を含む区間での広義積分の例を見てみよう．上端が ∞，または下端が $-\infty$ の場合は常に広義積分となる．

例題 1.2（無限区間における広義積分）

(1) 関数 e^{ax}（a は実数）を区間 $[0,\infty)$ で広義積分せよ．

(2) 関数 $\dfrac{1}{x^2}$ を区間 $[1,\infty)$ で広義積分せよ．

解答 (1) $a \neq 0$ のとき，

$$\begin{aligned}\int_0^\infty e^{ax}\,dx &= \lim_{M\to\infty}\left[\frac{1}{a}e^{ax}\right]_0^M \\ &= \lim_{M\to\infty}\frac{1}{a}(e^{aM}-e^0) \\ &= \begin{cases} +\infty & (a>0 \text{ のとき}) \\ -\dfrac{1}{a} & (a<0 \text{ のとき})\end{cases}\end{aligned}$$

となる．また，$a=0$ のとき，$e^{0x}=1$ なので，

$$\begin{aligned}\int_0^\infty e^{0x}\,dx &= \lim_{M\to\infty}\int_0^M 1\,dx \\ &= \lim_{M\to\infty} M \\ &= +\infty\end{aligned}$$

となる．以上をまとめると，

$$\int_0^\infty e^{ax}\,dx = \begin{cases} +\infty & (a\geq 0 \text{ のとき}) \\ -\dfrac{1}{a} & (a<0 \text{ のとき})\end{cases} \tag{1.1}$$

である（図 1.3 から，明らかに $a>0, a=0$ のときは広義積分は $+\infty$ に発散している）．

(2)

$$\begin{aligned}\int_1^\infty \frac{1}{x^2}\,dx &= \lim_{M\to\infty}\left[-\frac{1}{x}\right]_1^M \\ &= \lim_{M\to\infty}\left(-\frac{1}{M}-(-1)\right) \\ &= 1\end{aligned}$$

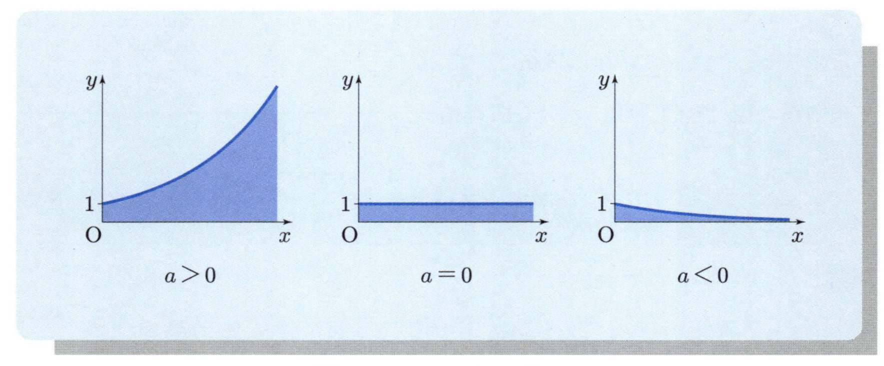

図 1.3　$y=e^{ax}$ のグラフ

□

問題 1.2　次の広義積分を計算せよ．

(1) $\displaystyle\int_2^{\infty} e^{-4x}\,dx$　　(2) $\displaystyle\int_3^{\infty} \frac{1}{x^3}\,dx$

ここで，応用上大事な $\dfrac{1}{x^{\alpha}}$ の広義積分について，表 1.1 にまとめておく．

表 1.1　$\dfrac{1}{x^{\alpha}}$ の広義積分の収束・発散（k は任意の正の実数）

	$\displaystyle\int_0^k \frac{1}{x^{\alpha}}\,dx$	$\displaystyle\int_k^{\infty} \frac{1}{x^{\alpha}}\,dx$
$0<\alpha<1$	収束	$+\infty$
$\alpha=1$	$+\infty$	$+\infty$
$\alpha>1$	$+\infty$	収束

次に，発散する点が積分区間の内部にある場合や，発散する点が 2 つ以上ある場合，発散する点があり，さらに無限区間で積分する場合などについて説明する．このような場合には，積分区間をいくつかに分割し，関数が発散する点や ∞, $-\infty$ が分割した区間の端点になるようにする．もし分割した区間において積分の上端・下端の両方に発散する点や ∞, $-\infty$ が入るならば，その区間をさらに分割し，そのような点が上端・下端の一方のみに来るようにする．

例題 1.3（分割して求める広義積分）

(1) 関数 $\dfrac{1}{\sqrt{x}}$ を区間 $(0,\infty)$ で広義積分せよ．

(2) 関数 $\dfrac{1}{x}$ を区間 $[-1,1]$ で広義積分せよ．

(3) 関数 e^{-x^2} を区間 $(-\infty,\infty)$（実軸全体）で広義積分せよ．

解答 (1) 積分区間が $x=0$ と ∞ を含んでいるため，2 つに分割する．どこで分けてもよいが，ここでは $(0,1]$ と $[1,\infty)$ に分ける．

$(0,1]$ においては，例題 1.1(2) より，$\displaystyle\int_0^1 \frac{1}{\sqrt{x}}\,dx = 2.$

$[1,\infty)$ においては，

$$\begin{aligned}\int_1^\infty \frac{1}{\sqrt{x}}\,dx &= \lim_{M\to\infty}\left[2\sqrt{x}\right]_1^M \\ &= \lim_{M\to\infty}\left(2\sqrt{M}-2\right) \\ &= +\infty \quad \leftarrow \text{表 1.1 を参照}\end{aligned}$$

以上より，2 と $+\infty$ の和ということになるので，

$$\int_0^\infty \frac{1}{\sqrt{x}}\,dx = +\infty$$

である．

(2) $\dfrac{1}{x}$ は $x=0$ で発散しているので，積分区間を $[-1,0)$ と $(0,1]$ の 2 つに分割する．

$(0,1]$ においては，例題 1.1(1) より，$\displaystyle\int_0^1 \frac{1}{x}\,dx = +\infty.$

一方 $[-1,0)$ においては，

$$\begin{aligned}\int_{-1}^0 \frac{1}{x}\,dx &= \lim_{\varepsilon\to+0}\int_{-1}^{-\varepsilon}\frac{1}{x}\,dx \\ &= \lim_{\varepsilon\to+0}\left[\log|x|\right]_{-1}^{-\varepsilon} \\ &= \lim_{\varepsilon\to+0}(\log\varepsilon - \log 1) \\ &= -\infty\end{aligned}$$

となり，$+\infty$ と $-\infty$ の和は不定形なので，

$$\text{広義積分} \int_{-1}^{1} \frac{1}{x}\,dx \text{ は存在しない.}$$

このように，分割した広義積分の計算結果に $+\infty$ と $-\infty$ が混在するときは広義積分は存在しないことになる．また，定積分の極限を取る際に極限を持たない（振動する）場合も広義積分は存在しない．

(3)　区間を $(-\infty, 0]$ と $[0, \infty)$ に分割して考える．これは**ガウス積分**と呼ばれる有名な積分で，e^{-x^2} の不定積分が求められないにもかかわらず，この広義積分は求めることができる．その方法については，微分積分の教科書の「重積分」の章を参照すること．結果のみ述べると，

$$\int_{-\infty}^{0} e^{-x^2}\,dx = \int_{0}^{\infty} e^{-x^2}\,dx = \frac{\sqrt{\pi}}{2}$$

より，ガウス積分の値は次のようになる（図 1.4）．

$$\int_{-\infty}^{\infty} e^{-x^2}\,dx = \sqrt{\pi} \tag{1.2}$$

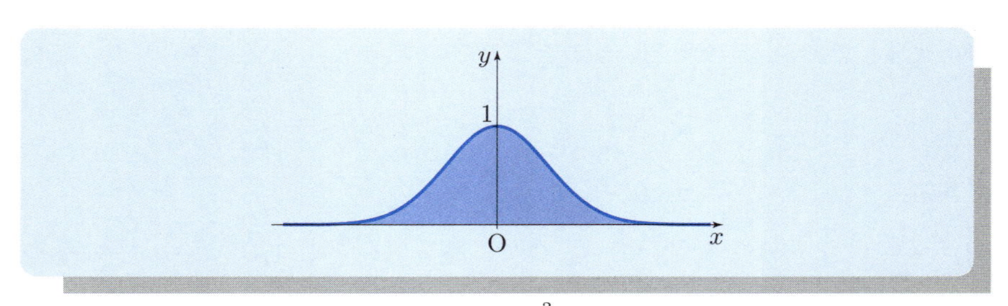

図 1.4　$y = e^{-x^2}$ のグラフ

□

問題 1.3　次の広義積分を，適当な区間に分割することにより計算せよ．

(1) $\displaystyle\int_{0}^{\infty} \frac{1}{x^2}\,dx$　　(2) $\displaystyle\int_{-1}^{1} \frac{1}{\sqrt{|x|}}\,dx$　　(3) $\displaystyle\int_{-\infty}^{\infty} (-|x|)\,dx$

問題 1.4　ガウス積分の値 (1.2) を用いて，広義積分

$$\int_{-\infty}^{\infty} e^{-\frac{x^2}{2}}\,dx$$

を求めよ．

1.2 ラプラス変換の定義

この節からは，独立変数を t とした関数 $f(t)$ について考える．$f(t)$ に以下で説明する「ラプラス変換」をほどこすと，独立変数が s の関数 $F(s)$ に変わる．ここで，2 つの変数 t, s には何の関係もない．つまり，$f(t)$ と $F(s)$ は「全く異なる世界に住んでいる」ことに注意する必要がある．

まず，$f(t)$ にいくつか条件を付ける．$f(t)$ は開区間 $(0, \infty)$ で定義されている必要がある（ただし，$(0, \infty)$ の内部のいくつかの点で発散していてもよい）．さらに，$f(t)$ は $(0, \infty)$ 上**局所可積分**，すなわち $0 < a < b < \infty$ となる任意の実数 a, b に対して，広義積分の意味で

$$\int_a^b |f(t)|\,dt < \infty$$

を満たしていると仮定する．この条件は，$f(t)$ が $(0, \infty)$ 上**可積分**，すなわち

$$\int_0^\infty |f(t)|\,dt < \infty$$

より弱い条件である．$f(t)$ が $(0, \infty)$ 上の連続関数であれば局所可積分の条件を満たしている．

$f(t)$ は $(0, \infty)$ 上局所可積分のとき，$f(t)$ の**ラプラス変換** (Laplace transform) を

$$\mathcal{L}\{f(t)\} = \int_0^\infty f(t)e^{-st}\,dt \tag{1.3}$$

で定義する．$\mathcal{L}$ はラプラス変換という「関数から関数への対応」を表す記号である．(1.3) の右辺（**ラプラス積分** (Laplace integral) という）は t に関する広義積分であるから，その計算結果には t は全く現れない．しかし，被積分関数の中に文字 s があり，積分しても s は残る．したがって，右辺は s の関数とみることができるので，$F(s) = \mathcal{L}\{f(t)\}$ とおいて s の関数 $F(s)$ を考えることができる．$f(t)$ を**原関数**または**原像**，$F(s)$ を**像関数**または**像**と呼ぶ．

当然，s の値によって，ラプラス積分が収束するか，発散するかが変わってくるので，$F(s)$ の定義域を求めるのはそれほど簡単ではない．以下，基本的な関数のラプラス変換を求めていく．

例題 1.4（ラプラス変換の計算 (1)）

次の関数をラプラス変換せよ．

(1)　定数関数 $f(t) = 1$

(2)　指数関数 e^{at}（a は実数）

(3)　1次関数 t

解答　(1)　(1.1) において $a = -s$, $x = t$ とおくと，

$$\mathcal{L}\{1\} = \int_0^\infty 1 \cdot e^{-st}\,dt = \int_0^\infty e^{-st}\,dt = \begin{cases} +\infty & (s \leq 0) \\ \dfrac{1}{s} & (s > 0) \end{cases}$$

となる．$s = 0$ が発散・収束の境目になっている．このとき 0 を**収束座標** (abscissa of convergence) と呼ぶ．

(2)

$$\mathcal{L}\{e^{at}\} = \int_0^\infty e^{at}e^{-st}\,dt = \int_0^\infty e^{at-st}\,dt = \int_0^\infty e^{(a-s)t}\,dt = \begin{cases} +\infty & (s \leq a) \\ \dfrac{1}{s-a} & (s > a) \end{cases}$$

となり，収束座標は a である．

(3)　部分積分の公式

$$\int_a^b f'(t)g(t)\,dt = [f(t)g(t)]_a^b - \int_a^b f(t)g'(t)\,dt$$

において，$f'(t) = e^{-st}$, $g(t) = t$ とおくと，

$$\begin{aligned}\mathcal{L}\{t\} &= \int_0^\infty te^{-st}\,dt \\ &= \lim_{M\to\infty}\left(\int_0^M te^{-st}\,dt\right) \\ &= \lim_{M\to\infty}\left\{\left[-\frac{1}{s}e^{-st}\cdot t\right]_0^M - \int_0^M \left(-\frac{1}{s}\right)e^{-st}\cdot (t)'\,dt\right\}\end{aligned}$$

$$= \lim_{M\to\infty}\left(-\frac{1}{s}e^{-sM}M - 0 + \frac{1}{s}\int_0^M e^{-st}\cdot 1\,dt\right)$$

↑ t に無関係の $\frac{1}{s}$ は積分記号の外に出す

ここで，極限値 $\lim_{M\to\infty}\left(-\frac{1}{s}e^{-sM}M\right)$ を求める必要がある．次のロピタルの定理を思い出そう．

定理 1.1（ロピタルの定理）

2 つの関数 $f(t)$，$g(t)$ が微分可能で，$t\to a$（a は無限大でも可）のとき $\frac{f(t)}{g(t)}$ が不定形になるならば，

$$\lim_{t\to a}\frac{f(t)}{g(t)} = \lim_{t\to a}\frac{f'(t)}{g'(t)}$$

が成り立つ．

これより，$s > 0$ のとき，

$$\begin{aligned}\lim_{M\to\infty}\left(-\frac{1}{s}e^{-sM}M\right) &= \lim_{t\to\infty}\left(-\frac{1}{s}e^{-st}t\right)\\ &= -\frac{1}{s}\lim_{t\to\infty}\frac{t}{e^{st}} \quad \leftarrow \frac{\infty}{\infty}\text{ の不定形}\\ &= -\frac{1}{s}\lim_{t\to\infty}\frac{1}{s\cdot e^{st}}\\ &= -\frac{1}{s^2}\cdot 0 = 0 \quad \leftarrow \lim_{t\to\infty}\frac{1}{e^{st}}\text{ は }\frac{1}{\infty}\text{ より } 0 \text{ となる}\end{aligned}$$

となる．よって，

$$\mathcal{L}\{t\} = \frac{1}{s}\int_0^\infty e^{-st}\,dt = \frac{1}{s}\frac{1}{s} = \frac{1}{s^2} \quad (s > 0)$$

となる．また，$s = 0$ のときは $\int_0^\infty te^{0t}\,dt = \int_0^\infty t\,dt = +\infty$ であり，$s < 0$ のときは $-s > 0$ だから $e^{-st} \geq 1$ $(t \geq 0)$ である．よって $\int_0^\infty te^{-st}\,dt \geq \int_0^\infty t\cdot 1\,dt = +\infty$ より，いずれの場合もラプラス積分は $+\infty$ に発散する．したがって，収束座標は 0 である．□

問題 1.5　次のラプラス変換を計算し，収束座標を求めよ．

(1)　$\mathcal{L}\{2t-3\}$

(2)　$\mathcal{L}\{te^t\}$

例題 1.5（ラプラス変換の計算 (2)）

次の関数をラプラス変換し，収束座標を求めよ．

(1)　$\cos t$

(2)　$\sin t$

解答　(1)　**オイラーの公式**（→付録 B）

$$e^{it} = \cos t + i \sin t \tag{1.4}$$

より，$e^{-it} = \cos t - i \sin t$ だから，

$$\cos t = \frac{e^{it} + e^{-it}}{2}, \quad \sin t = \frac{e^{it} - e^{-it}}{2i} \tag{1.5}$$

が成り立つ．これより，

$$\begin{aligned}
\mathcal{L}\{\cos t\} &= \int_0^\infty e^{-st} \cos t \, dt \\
&= \int_0^\infty e^{-st} \left(\frac{e^{it} + e^{-it}}{2} \right) dt \\
&= \frac{1}{2} \int_0^\infty (e^{-st} e^{it} + e^{-st} e^{-it}) \, dt \\
&= \frac{1}{2} \int_0^\infty (e^{(-s+i)t} + e^{(-s-i)t}) \, dt \quad \text{→ 付録 B} \\
&= \frac{1}{2} \left[\frac{1}{-s+i} e^{(-s+i)t} + \frac{1}{-s-i} e^{(-s-i)t} \right]_0^\infty
\end{aligned}$$

ここで，極限値 $\displaystyle\lim_{t \to \infty} e^{(-s+i)t}$ を求める．$s > 0$ のとき，絶対値を考えると，

$$\begin{aligned}
|e^{(-s+i)t}| &= |e^{-st} e^{it}| \\
&= e^{-st} |\cos t + i \sin t| \\
&= e^{-st} \sqrt{\cos^2 t + \sin^2 t} \\
&= e^{-st} \cdot 1 \to 0 \quad (t \to \infty)
\end{aligned}$$

より，$\lim_{t\to\infty} e^{(-s+i)t} = 0$ である．同様に，$\lim_{t\to\infty} e^{(-s-i)t} = 0$ であるから，

$$
\begin{aligned}
\mathcal{L}\{\cos t\} &= \frac{1}{2}\left[\frac{1}{-s+i}e^{(-s+i)t} + \frac{1}{-s-i}e^{(-s-i)t}\right]_0^\infty \\
&= \frac{1}{2}\left(0 - \frac{1}{-s+i} - \frac{1}{-s-i}\right) \\
&= \frac{1}{2}\frac{2s}{(-s+i)(-s-i)} \\
&= \frac{s}{s^2+1} \quad (s > 0)
\end{aligned}
$$

となる．$s \leq 0$ のときはラプラス積分は存在しない（各自考えてみよう）．よって収束座標は 0 である．

(2)　(1) と同様にオイラーの公式を使う．(1.5) の第 2 式より，

$$
\begin{aligned}
\mathcal{L}\{\sin t\} &= \int_0^\infty e^{-st}\sin t\,dt \\
&= \int_0^\infty e^{-st}\left(\frac{e^{it}-e^{-it}}{2i}\right)dt \\
&= \frac{1}{2i}\int_0^\infty (e^{-st}\cdot e^{it} - e^{-st}\cdot e^{-it})\,dt \\
&= \frac{1}{2i}\int_0^\infty (e^{(-s+i)t} - e^{(-s-i)t})\,dt \\
&= \frac{1}{2i}\left[\frac{1}{-s+i}e^{(-s+i)t} - \frac{1}{-s-i}e^{(-s-i)t}\right]_0^\infty \\
&= \frac{1}{2i}\left(0 - \frac{1}{-s+i} + \frac{1}{-s-i}\right) \\
&= \frac{1}{2i}\frac{2i}{(-s+i)(-s-i)} \\
&= \frac{1}{s^2+1} \quad (s > 0)
\end{aligned}
$$

となる．(1) と同様に，収束座標は 0 である．□

ラプラス変換の像関数 $F(s)$ について，s は複素変数と考えると都合がよい．例題 1.4(1) $f(t)=1$ の場合であれば，$s=p+iq$（p, q は実数）とおくと，ラプラス積分は次のように計算できる．

$$\begin{aligned}\mathcal{L}\{1\} &= \int_0^\infty 1\cdot e^{-st}\,dt \\ &= \int_0^\infty e^{-pt}e^{-iqt}\,dt \\ &= \int_0^\infty e^{-pt}\cos qt\,dt - i\int_0^\infty e^{-pt}\sin qt\,dt\end{aligned}$$

で，$|\cos qt|\leq 1$, $|\sin qt|\leq 1$ より $|e^{-pt}\cos qt|\leq|e^{-pt}|$, $|e^{-pt}\sin qt|\leq|e^{-pt}|$ であるから，$p>0$ のときは収束し，$p=0$ のときは，

$$\int_0^\infty e^{-iqt}\,dt = \int_0^\infty \cos qt\,dt - i\int_0^\infty \sin qt\,dt$$

となり，右辺の実部・虚部ともに収束しないので，$\displaystyle\int_0^\infty e^{-iqt}\,dt$ は収束しない．$p<0$ のときも同様に収束しない．よって，ラプラス積分の収束・発散を分けるのは s の実部 p（$=\mathrm{Re}\ s$）であることが分かる．一般に次が成り立つ．

定理 1.2

関数 $f(t)$ のラプラス積分 $F(s)$ は，ある数 α（α は実数または $-\infty$ または $+\infty$）が存在して，$\mathrm{Re}\ s<\alpha$ のとき発散し，$\mathrm{Re}\ s>\alpha$ のとき収束する．$\alpha=-\infty$ のときはすべての複素数 s について $F(s)$ は収束するものとする．また，$\alpha=+\infty$ のときはどんな複素数 s についても $F(s)$ は存在しないとする．α をラプラス変換の収束座標という．

この定理により，ラプラス変換の収束座標が $+\infty$ である関数 $f(t)$ はラプラス変換ができないということになり，そのような関数のラプラス変換を考えることは意味がない．しかし，ラプラス変換の収束座標が実数，または $-\infty$ である関数がいくつか与えられたときに，それぞれの収束座標がまちまちであっても，s の実部を十分大きくとれば，ラプラス積分が同時に収束するようにできる．このことが応用上重要である．

問題 1.6　次のラプラス変換を計算し，収束座標を求めよ．

(1)　$\mathcal{L}\{\cos 2t\}$　　　(2)　$\mathcal{L}\{\sin 3t\}$

1.3 ガンマ関数

次のような広義積分で定義される関数を**ガンマ関数** (Gamma function) という．

$$\Gamma(x) = \int_0^\infty t^{x-1}e^{-t}\,dt \tag{1.6}$$

右辺の広義積分は $x > 0$ のときに収束する．

定理 1.3

$x > 0$ に対して，

$$\Gamma(x+1) = x\Gamma(x) \tag{1.7}$$

が成り立つ．

【証明】　部分積分より，$(t^x)' = xt^{x-1}$（t による微分）を用いて，

$$\begin{aligned}\Gamma(x) &= \int_0^\infty t^{x-1}e^{-t}\,dt\\ &= \left[\frac{1}{x}t^x e^{-t}\right]_0^\infty - \int_0^\infty \frac{1}{x}t^x(-e^{-t})\,dt\end{aligned}$$

ここで，極限値 $\lim_{t\to\infty} t^x e^{-t}$ を求める必要がある．ロピタルの定理を繰り返し適用し，

$$\begin{aligned}\lim_{t\to\infty} t^x e^{-t} &= \lim_{t\to\infty}\frac{t^x}{e^t}\\ &= \lim_{t\to\infty}\frac{xt^{x-1}}{e^t}\\ &= \lim_{t\to\infty}\frac{x(x-1)t^{x-2}}{e^t}\\ &= \cdots = \lim_{t\to\infty}\frac{x(x-1)(x-2)\cdots(x-n)t^{x-n-1}}{e^t}\end{aligned}$$

t の指数 $x-n-1$ が 0 以下になるまで微分を繰り返し行う

$$= 0$$

となる．これより，

$$\Gamma(x) = \frac{1}{x}\int_0^\infty t^x e^{-t}\,dt = \frac{1}{x}\Gamma(x+1)$$

となるので示された．　□

系 1.4

0 以上の整数 n に対して，

$$\Gamma(n+1) = n!$$

が成り立つ．

【証明】 数学的帰納法を用いて証明する．$n=0$ のとき，

$$\begin{aligned}\Gamma(1) &= \int_0^\infty t^0 e^{-t}\,dt \\ &= 1 \quad \leftarrow \text{例題 1.2(1) より} \\ &= 0!\end{aligned}$$

で確かに成り立っている（0 の階乗 0! は 1 と定義されていることに注意）．次に，$n=k-1$ のとき主張が成り立つと仮定して，$n=k$ のときも成り立つことを示す．

$$\begin{aligned}\Gamma(k+1) &= k\cdot\Gamma(k) \quad \leftarrow \text{定理 1.3 より} \\ &= k\cdot(k-1)! \quad \leftarrow \text{仮定より} \\ &= k!\end{aligned}$$

よって $n=k$ のときも成り立つので，数学的帰納法により，すべての 0 以上の整数 n で成り立つ． □

系 1.4 より，ガンマ関数は階乗の自然な拡張であることが分かる．ガンマ関数の整数での値は系 1.4 で分かったが，非整数の場合は一般に簡単には表せない．半整数に関しては例えば次の値が知られている．

$$\Gamma\left(\frac{1}{2}\right) = \sqrt{\pi} \tag{1.8}$$

次に，ガンマ関数を利用して，t^α（α は $\alpha > -1$ を満たす実数）のラプラス変換を求める．

$$\mathcal{L}\{t^\alpha\} = \int_0^\infty t^\alpha e^{-st}\,dt$$

ここで $u = st$ とおき，積分変数を t から u に置換する．$s > 0$ のとき，積分区間は $0 < t < \infty$ から $0 < u < \infty$ となるので変化せず，$du = s\,dt$ より，$dt = \dfrac{du}{s}$ だから，

$$\begin{aligned}\mathcal{L}\{t^\alpha\} &= \int_0^\infty \left(\frac{u}{s}\right)^\alpha e^{-u}\frac{du}{s} \\ &= \frac{1}{s^{\alpha+1}}\int_0^\infty u^\alpha\, e^{-u}\,du \\ &= \frac{\Gamma(\alpha+1)}{s^{\alpha+1}}\end{aligned}$$

となる．特に，α が正整数 n のときは系 1.4 より，

$$\mathcal{L}\{t^n\} = \frac{n!}{s^{n+1}}$$

が成り立つ．例題 1.4(3) と同様に，収束座標は 0 であることが分かる．なお，$\alpha \leq -1$ の場合は t^α のラプラス変換は定義されない（収束座標が $+\infty$ である）．理由は，$t = 0$ の近くでは，e^{-st} はほぼ 1 に等しいので，区間 $(0, \varepsilon]$（ε は十分小さい）上ではラプラス積分の被積分関数はほぼ t^α に等しく，その区間の積分は表 1.1 より $\alpha \leq -1$ のとき発散してしまうからである．

問題 1.7　次のガンマ関数の値を求めよ．

(1)　$\Gamma(6)$

(2)　$\Gamma\left(\dfrac{3}{2}\right)$

(3)　$\Gamma\left(\dfrac{7}{2}\right)$

問題 1.8　次のラプラス変換を求めよ．

(1)　$\mathcal{L}\{t^4\}$

(2)　$\mathcal{L}\left\{\dfrac{1}{\sqrt{t}}\right\}$

(3)　$\mathcal{L}\{\sqrt{t}\}$

1.4 ラプラス変換の基本法則

この節では，ラプラス変換の持つさまざまな基本法則を説明する．

まず，線形性について述べる．

定理 1.5（ラプラス変換の線形性）

$f(t)$, $g(t)$ をラプラス変換可能な関数, a, b を実数としたとき, $af(t)+bg(t)$ もラプラス変換可能であり,

$$\mathcal{L}\{af(t)+bg(t)\} = a\mathcal{L}\{f(t)\} + b\mathcal{L}\{g(t)\}$$

が成り立つ．

【証明】 $f(t)$, $g(t)$ はラプラス変換可能なので，$f(t)$, $g(t)$ のラプラス変換の収束座標をそれぞれ A, B とおくと $A < \infty$, $B < \infty$ であり，$\max\{A,\ B\} < s$ となる任意の実数 s に対して，

$$\mathcal{L}\{f(t)\} = \int_0^\infty f(t)e^{-st}\,dt$$

$$\mathcal{L}\{g(t)\} = \int_0^\infty g(t)e^{-st}\,dt$$

のどちらも収束する．定積分の線形性と極限値の線形性より，

$$\begin{aligned}\mathcal{L}\{af(t)+bg(t)\} &= \int_0^\infty \{af(t)+bg(t)\}e^{-st}\,dt \\ &= a\int_0^\infty f(t)e^{-st}\,dt + b\int_0^\infty g(t)e^{-st}\,dt \\ &= a\mathcal{L}\{f(t)\} + b\mathcal{L}\{g(t)\}\end{aligned}$$

が成り立つので，上記の s に対して，ラプラス積分は収束し，$af(t)+bg(t)$ のラプラス変換の収束座標を C としたとき，

$$C \leq \max\{A,\ B\} < \infty$$

が成り立ち，$af(t)+bg(t)$ もラプラス変換可能である． □

多項式関数のラプラス変換は定理 1.5 より計算できる．

例題 1.6（ラプラス変換の線形性）

(1)　$5t^3 - 4t^2 + 6t - 5$ をラプラス変換せよ．

(2)　$\cos^2 \dfrac{t}{2}$ をラプラス変換せよ．

解答　(1)

$$
\begin{aligned}
&\mathcal{L}\{5t^3 - 4t^2 + 6t - 5\} \\
&= 5\mathcal{L}\{t^3\} - 4\mathcal{L}\{t^2\} + 6\mathcal{L}\{t\} - 5\mathcal{L}\{1\} \\
&= 5 \cdot \frac{3!}{s^4} - 4 \cdot \frac{2!}{s^4} + 6 \cdot \frac{1!}{s^2} - 5 \cdot \frac{1}{s} \\
&= \frac{30}{s^4} - \frac{8}{s^3} + \frac{6}{s^2} - \frac{5}{s} \\
&= \frac{30 - 8s + 6s^2 - 5s^3}{s^4}
\end{aligned}
$$

(2)　半角の公式より，

$$\cos^2 \frac{t}{2} = \frac{1 + \cos t}{2}$$

であるので，定理 1.5 より，

$$
\begin{aligned}
\mathcal{L}\left\{\cos^2 \frac{t}{2}\right\} &= \mathcal{L}\left\{\frac{1 + \cos t}{2}\right\} \\
&= \frac{1}{2}(\mathcal{L}\{1\} + \mathcal{L}\{\cos t\}) \\
&= \frac{1}{2s} + \frac{s}{2(s^2 + 1)}
\end{aligned}
$$

となる．　□

注意　このように，関数の和・差は分解して計算できるが，積・商については分解することはできない．ここは誤解している人が多いので特に注意する必要がある（→ 1.5 節）．

問題 1.9　次のラプラス変換を求めよ．

(1)　$\mathcal{L}\{3t^3 - 5t^2 + 6t - 8\}$

(2)　$\mathcal{L}\left\{\sin^2 \dfrac{t}{2}\right\}$

像関数の平行移動について，次が成り立つ．

定理 1.6（像の移動法則）

$f(t)$ の像関数を $F(s)$ としたとき，実数 a に対して，

$$\mathcal{L}\{e^{at}f(t)\} = F(s-a)$$

が成り立つ．

【証明】

$$\begin{aligned}\mathcal{L}\{e^{at}f(t)\} &= \int_0^\infty e^{at}f(t)e^{-st}\,dt \\ &= \int_0^\infty f(t)e^{-(s-a)t}\,dt \\ &= F(s-a)\end{aligned}$$

□

上の計算から，原関数に e^{at} を掛けると，ラプラス変換の収束座標が a だけずれることが分かる．

例題 1.7（像の移動法則）

次の関数をラプラス変換し，収束座標を求めよ．

(1)　$e^{3t}t$

(2)　$e^{-2t}\sin t$

解答　(1)　$\mathcal{L}\{t\} = \dfrac{1}{s^2}$ より，$\mathcal{L}\{e^{3t}t\} = \dfrac{1}{(s-3)^2}$ である．$\mathcal{L}\{t\}$ の収束座標は 0 なので，$\mathcal{L}\{e^{3t}t\}$ の収束座標は 3 である．

(2)　$\mathcal{L}\{\sin t\} = \dfrac{1}{s^2+1}$ より，

$$\mathcal{L}\{e^{-2t}\sin t\} = \frac{1}{(s+2)^2+1} = \frac{1}{s^2+4s+5}$$

である．$\mathcal{L}\{\sin t\}$ の収束座標は 0 なので，$\mathcal{L}\{e^{-2t}\sin t\}$ の収束座標は -2 である．

□

問題 1.10　次のラプラス変換を求めよ．

(1)　$\mathcal{L}\{6e^{-4t}\}$

(2)　$\mathcal{L}\{e^{3t}\cos t\}$

次に，原関数を微分したときの像関数の変化について説明する．

定理 1.7（微分法則）

(1)　$f(t)$ が区間 $[0, \infty)$ で微分可能で，

$$\lim_{t \to \infty} e^{-st} f(t) = 0 \tag{1.9}$$

を満たすとき，

$$\mathcal{L}\{f'(t)\} = s\mathcal{L}\{f(t)\} - f(0)$$

が成り立つ．

(2)　$f(t)$ が区間 $[0, \infty)$ で 2 回微分可能で，

$$\lim_{t \to \infty} e^{-st} f'(t) = \lim_{t \to \infty} e^{-st} f(t) = 0 \tag{1.10}$$

を満たすとき，

$$\mathcal{L}\{f''(t)\} = s^2\mathcal{L}\{f(t)\} - f(0)s - f'(0)$$

が成り立つ．

(3)　$f(t)$ が区間 $[0, \infty)$ で 3 回微分可能で，

$$\lim_{t \to \infty} e^{-st} f''(t) = \lim_{t \to \infty} e^{-st} f'(t) = \lim_{t \to \infty} e^{-st} f(t) = 0 \tag{1.11}$$

を満たすとき，

$$\mathcal{L}\{f'''(t)\} = s^3\mathcal{L}\{f(t)\} - f(0)s^2 - f'(0)s - f''(0)$$

が成り立つ．

(1.9), (1.10), (1.11) の条件は分かりにくいが，多項式関数，e^{at}，$\cos at$，$\sin at$ の形の関数や，これらを和と積で組み合わせてできる関数は，十分大きい s に対して (1.9), (1.10), (1.11) の条件を満たしている．この微分法則はとても有用である．

【証明】　(1)　部分積分より，

$$\begin{aligned}\mathcal{L}\{f'(t)\} &= \int_0^\infty f'(t)e^{-st}\,dt = \left[f(t)e^{-st}\right]_0^\infty - \int_0^\infty f(t)(-se^{-st})\,dt \\ &= 0 - f(0) + s\int_0^\infty f(t)e^{-st}\,dt \quad \leftarrow \text{(1.9) より} \\ &= s\mathcal{L}\{f(t)\} - f(0)\end{aligned}$$

(2)　(1) で $f(t)$ のかわりに $f'(t)$ を適用して，

$$\mathcal{L}\{f''(t)\} = s\mathcal{L}\{f'(t)\} - f'(0)$$

右辺に (1) の式を代入して，

$$\begin{aligned}\mathcal{L}\{f''(t)\} &= s(s\mathcal{L}\{f(t)\} - f(0)) - f'(0) \\ &= s^2\mathcal{L}\{f(t)\} - f(0)s - f'(0)\end{aligned}$$

(3)　(2) と同様に繰り返せばよい．　□

例として，

$$\mathcal{L}\{\cos t\} = \frac{s}{s^2+1}$$

を知っているときに，微分法則から $\mathcal{L}\{\sin t\}$ を求めてみる．$f(t) = \cos t$ として，定理 1.7(1) を適用すると，

$$\mathcal{L}\{(\cos t)'\} = s\mathcal{L}\{\cos t\} - \cos 0$$

より，

$$\mathcal{L}\{-\sin t\} = \frac{s^2}{s^2+1} - 1 = \frac{-1}{s^2+1}$$

両辺に -1 を掛けて，

$$\mathcal{L}\{\sin t\} = \frac{1}{s^2+1}$$

を得る．

この節の最後に，像関数の微分について述べる．原関数は t の関数として，必ずしも微分可能や連続である必要はないが，像関数は s の関数として何回でも微分可能であり，さらに複素関数として正則（→付録 B）であることが知られている．

定理 1.8（像の微分法則）

$\mathcal{L}\{f(t)\} = F(s)$ のとき，

$$\mathcal{L}\{-tf(t)\} = \frac{d}{ds}F(s)$$

が成り立つ．

【証明】

$$F(s) = \int_0^\infty f(t)e^{-st}\,dt$$

の両辺を s で微分して，微分と積分の交換を行うと，

$$\begin{aligned}\frac{d}{ds}F(s) &= \frac{d}{ds}\left(\int_0^\infty f(t)e^{-st}\,dt\right)\\ &= \int_0^\infty f(t)\left(\frac{\partial}{\partial s}e^{-st}\right)dt\\ &= \int_0^\infty f(t)\left(-te^{-st}\right)dt\\ &= \int_0^\infty (-tf(t))e^{-st}\,dt\\ &= \mathcal{L}\{-tf(t)\}\end{aligned}$$

→ $\dfrac{\partial}{\partial s}$ は偏微分を表す（→ 4.1 節）

□

例題 1.8（像の微分法則）

$t\sin t$ のラプラス変換を求めよ．

解答　$\mathcal{L}\{\sin t\} = \dfrac{1}{s^2+1}$ であるから，定理 1.8 より，

$$\begin{aligned}\mathcal{L}\{-t\sin t\} &= \frac{d}{ds}\left(\frac{1}{s^2+1}\right)\\ &= \frac{-2s}{(s^2+1)^2}\end{aligned}$$

したがって，

$$\mathcal{L}\{t\sin t\} = \frac{2s}{(s^2+1)^2}$$

□

問題 1.11　$t\cos t$ のラプラス変換を求めよ．

1.5 たたみこみ積

1.4節で注意した通り，$\mathcal{L}\{f(t)g(t)\}$ と $\mathcal{L}\{f(t)\}\cdot\mathcal{L}\{g(t)\}$ は等しくない．例えば，$\mathcal{L}\{t\cdot t\}=\mathcal{L}\{t^2\}=\dfrac{2}{s^3}$ だが，$\mathcal{L}\{t\}\cdot\mathcal{L}\{t\}=\dfrac{1}{s^4}$ である．このように，通常の関数の積とラプラス変換は相性が悪いのだが，別の種類の積を考えると，非常にラプラス変換と相性が良くなる．それがたたみこみ積である．

$(0,\infty)$ で定義された2つの関数 $f(t)$ と $g(t)$ の**たたみこみ積** (convolution) $f*g(t)$ を

$$f*g(t)=\int_0^t f(t-\tau)g(\tau)\,d\tau \quad (t>0)$$

で定義する．

次の定理は，可積分関数の集合がたたみこみ積で閉じていることを示している．

定理 1.9

$(0,\infty)$ 上で可積分な関数 $f(t)$, $g(t)$ に対して，たたみこみ積 $f*g(t)$ は $t>0$ で定義され，$(0,\infty)$ 上可積分である．

証明は略する．また，次のような法則が成り立つ．

定理 1.10

$(0,\infty)$ 上で可積分な関数 $f(t)$, $g(t)$, $h(t)$ に対して次が成り立つ．

(1) 交換法則: $f*g(t)=g*f(t)$

(2) 結合法則: $(f*g)*h(t)=f*(g*h)(t)$

(3) 分配法則: $(f+g)*h(t)=f*h(t)+g*h(t)$

この定理により，たたみこみ積は各点ごとに積を取る通常の関数の積とは異なるけれども，たたみこみ積は積としての資格が十分にあることが分かる．たたみこみ積とラプラス変換の関係は次で表される．

定理 1.11

$$\mathcal{L}\{f * g(t)\} = \mathcal{L}\{f(t)\} \cdot \mathcal{L}\{g(t)\}$$

つまり，t の関数としてたたみこみ積を取ったものをラプラス変換すると，s の関数としては各点ごとの積になっている．定理 1.10，定理 1.11 の証明は省略する．

例題 1.9（たたみこみ積の計算）

$f(t) = t$ として，$f * f(t) = t * t$ を求めよ．さらに，定理 1.11 が成り立つことを確かめよ．

解答

$$\begin{aligned} t * t &= \int_0^t (t-\tau)\tau \, d\tau \\ &= \int_0^t (t\tau - \tau^2) \, d\tau \\ &= \left[\frac{t}{2}\tau^2 - \frac{1}{3}\tau^3 \right]_0^t \\ &= \frac{t^3}{2} - \frac{t^3}{3} = \frac{t^3}{6} \end{aligned}$$

これより，

$$\mathcal{L}\{t * t\} = \mathcal{L}\left\{\frac{t^3}{6}\right\} = \frac{1}{s^4}$$

である．一方，

$$\mathcal{L}\{t\} \cdot \mathcal{L}\{t\} = \frac{1}{s^2}\frac{1}{s^2} = \frac{1}{s^4}$$

であるから，定理 1.11 が確かめられた．□

問題 1.12　次のたたみこみ積を計算し，さらにその結果をラプラス変換することにより，定理 1.11 が成り立つことを確認せよ．

(1)　$t^2 * t$

(2)　$t * e^{-t}$

(3)　$t * \sin t$

演習問題

□ **1.1** 次の広義積分を求めよ．

(1) $\displaystyle\int_0^{\infty} \sin x\, dx$

(2) $\displaystyle\int_0^{2} \frac{1}{(1-x)^3}\, dx$

(3) $\displaystyle\int_0^{\infty} x^2 e^{-x}\, dx$

(4) $\displaystyle\int_{-\infty}^{\infty} x e^{-x^2}\, dx$

(5) $\displaystyle\int_{-\infty}^{\infty} \frac{1}{x^2+1}\, dx$

□ **1.2** 関数 e^{-t^2} のラプラス変換の収束座標は $-\infty$ であることを示せ．（ヒント: ガウス積分 (1.2) を用いよ．）

□ **1.3** 関数 e^{t^2} のラプラス変換の収束座標は $+\infty$ であることを示せ．

□ **1.4** ガンマ関数の定義 (1.6) から $\Gamma\left(\dfrac{1}{2}\right)$ の値を求めよ．

（ヒント: 置換積分により，ガウス積分 (1.2) の形に変形せよ．）

□ **1.5** 次のラプラス変換を求めよ．

(1) $\mathcal{L}\{(t-1)^3\}$

(2) $\mathcal{L}\left\{\sin\dfrac{t}{2}\cos\dfrac{t}{2}\right\}$

(3) $\mathcal{L}\{t^2 \sin t\}$

(4) $\mathcal{L}\{te^{5t}\cos t\}$

第2章
ラプラス逆変換と常微分方程式への応用

ラプラス変換で変換した関数を元の関数に戻すことをラプラス逆変換という．ラプラス逆変換を求める方法として，本章では主にラプラス変換表を用いた方法を学ぶ．応用として，線形常微分方程式を１次方程式に変換して解く方法について学ぶ．

[2章の内容]

ラプラス逆変換

線形常微分方程式のラプラス変換による解法

2.1 ラプラス逆変換

関数 $f(t)$ をラプラス変換したとき，像関数を $F(s)$，収束座標を $s_0\,(s_0 < +\infty)$ とすると，複素領域 $\{s \in \mathbb{C} \mid \mathrm{Re}\ s > s_0\}$ において $F(s)$ は正則関数になっており，その領域において複素積分ができる．$F(s)$ から元の $f(t)$ を得る方法として，次の定理がある．

定理 2.1

$f(t)$ は開区間 $(0,\infty)$ で微分可能で，導関数 $f'(t)$ も連続であると仮定し，$\mathcal{L}\{f(t)\} = F(s)$，収束座標を $s_0(<\infty)$ とする．$c > s_0$ である実数 c に対して，

$$f(t) = \frac{1}{2\pi i}\int_{c-i\infty}^{c+i\infty} F(s)e^{st}\,ds \quad (t > 0) \tag{2.1}$$

が成り立つ．

(2.1) の右辺の積分は複素積分であり，s の選び方によらず，積分結果は一定になる（→付録 B）．(2.1) の右辺を $F(s)$ の**ラプラス逆変換**といい，

$$\mathcal{L}^{-1}\{F(s)\}$$

で表す．(2.1) の積分の計算には複素解析の知識が必要になる（計算例は→付録 B）ので，ラプラス逆変換を求めるには通常，この複素積分ではなく，**ラプラス変換表**（表 2.1）を用いる．

注意したいのは，ラプラス逆変換したい関数は，必ずしも表 2.1 の中に現れる形では出てこないということである．ラプラス逆変換を求めるには，ラプラス逆変換の線形性（定理 2.2）と**部分分数分解**（定理 2.3）を用いて表 2.1 を使える形に変形する必要がある．

表 2.1　ラプラス変換表

$f(t) = \mathcal{L}^{-1}\{F(s)\}$	$F(s) = \mathcal{L}\{f(t)\}$	収束座標 s_0
1	$\dfrac{1}{s}$	0
t^n（n は自然数）	$\dfrac{n!}{s^{n+1}}$	0
t^α $(\alpha > -1)$	$\dfrac{\Gamma(\alpha+1)}{s^{\alpha+1}}$	0
e^{at}	$\dfrac{1}{s-a}$	a
$t^n e^{at}$（n は自然数）	$\dfrac{n!}{(s-a)^{n+1}}$	a
$\cos at$	$\dfrac{s}{s^2+a^2}$	0
$\sin at$	$\dfrac{a}{s^2+a^2}$	0
$e^{at}\cos bt$	$\dfrac{s-a}{(s-a)^2+b^2}$	0
$e^{at}\sin bt$	$\dfrac{b}{(s-a)^2+b^2}$	0
$t\cos at$	$\dfrac{s^2-a^2}{(s^2+a^2)^2}$	0
$t\sin at$	$\dfrac{2as}{(s^2+a^2)^2}$	0
$f'(t)$	$sF(s) - f(0)$	$\geq s_0$
$f''(t)$	$s^2F(s) - sf(0) - f'(0)$	$\geq s_0$
$f'''(t)$	$s^3F(s) - s^2f(0) - sf'(0) - f''(0)$	$\geq s_0$
$e^{at}f(t)$	$F(s-a)$	$s_0 + a$
$tf(t)$	$-\dfrac{d}{ds}F(s)$	s_0

$\geq s_0$ は収束座標が s_0 以上であることを表す．

定理 2.2（ラプラス逆変換の線形性）

$F(s)$, $G(s)$ をそれぞれ $f(t)$, $g(t)$ の像関数，a, b を実数としたとき，$aF(s)+bG(s)$ は $af(t)+bg(t)$ の像関数である．すなわち，

$$\mathcal{L}^{-1}\{aF(s)+bG(s)\} = a\mathcal{L}^{-1}\{F(s)\} + b\mathcal{L}^{-1}\{G(s)\}$$

が成り立つ．

【証明】　式 (2.1) よりただちに成り立つ．　□

定理 2.3（部分分数分解）

$A(s)$, $B(s)$ をそれぞれ実係数の多項式とし，$\deg A(s) < \deg B(s)$ とする．このとき，有理式 $\dfrac{A(s)}{B(s)}$ は次の形の実係数の有理式の和に分解される．

$$\frac{p_{i,1}}{s-\alpha_i} + \frac{p_{i,2}}{(s-\alpha_i)^2} + \cdots + \frac{p_{i,n_i-1}}{(s-\alpha_i)^{n_i-1}} \qquad (i = 1, 2, \ldots, k), \tag{2.2}$$

$$\frac{q_{j,1}(s-a_i)+r_{j,1}}{(s-a_j)^2+{b_j}^2} + \frac{q_{j,2}(s-a_i)+r_{j,2}}{\{(s-a_j)^2+{b_j}^2\}^2} + \cdots + \frac{q_{j,m_i-1}(s-a_j)+r_{j,m_j-1}}{\{(s-a_j)^2+{b_j}^2\}^{m_j-1}} \qquad (j = 1, 2, \ldots, l) \tag{2.3}$$

ただし，$b_j > 0$ で，$B(s)$ は次のように因数分解されていると仮定する．

$$B(s) = c(s-\alpha_1)^{n_1}(s-\alpha_2)^{n_2}\cdots(s-\alpha_k)^{n_k} \times \{(s-a_1)^2+{b_1}^2\}^{m_1}\cdots\{(s-a_l)^2+{b_l}^2\}^{m_l} \tag{2.4}$$

証明は微分積分の教科書を参照すること．

ラプラス逆変換の計算例を見ていこう．

例題 2.1（分母がシンプルな場合）

次の関数をラプラス逆変換せよ．

(1) $\dfrac{1}{s^4}$　(2) $\dfrac{6s^2+9s-5}{s^3}$　(3) $\dfrac{3s^2+5s-4}{(s+1)^3}$

解答　(1)　ラプラス変換表より $\mathcal{L}^{-1}\left\{\dfrac{3!}{s^4}\right\} = t^3$ であるから，両辺を 6 で割って，

$$\mathcal{L}^{-1}\left\{\frac{1}{s^4}\right\} = \frac{t^3}{6}$$

となる．

(2)　線形性より，

$$\begin{aligned}
\mathcal{L}^{-1}\left\{\frac{6s^2+9s-5}{s^3}\right\} &= \mathcal{L}^{-1}\left\{\frac{6}{s}+\frac{9}{s^2}-\frac{5}{s^3}\right\} \\
&= 6\mathcal{L}^{-1}\left\{\frac{1}{s}\right\} + 9\mathcal{L}^{-1}\left\{\frac{1}{s^2}\right\} - \frac{5}{2}\mathcal{L}^{-1}\left\{\frac{2!}{s^3}\right\} \\
&= 6 + 9t - \frac{5t^2}{2}
\end{aligned}$$

(3)　$u = s+1$ とおくと，$s = u-1$ より，

$$\begin{aligned}
\frac{3s^2+5s-4}{(s+1)^3} &= \frac{3(u-1)^2+5(u-1)-4}{u^3} \\
&= \frac{3u^2-u-6}{u^3} = \frac{3}{u} - \frac{1}{u^2} - \frac{6}{u^3} \\
&= \frac{3}{s+1} - \frac{1}{(s+1)^2} - \frac{6}{(s+1)^3}
\end{aligned}$$

と変形できる．線形性より，

$$\begin{aligned}
\mathcal{L}^{-1}\left\{\frac{3s^2+5s-4}{(s+1)^3}\right\} &= 3e^{-t} - te^{-t} - 3t^2e^{-t} \\
&= (3-t-3t^2)e^{-t}
\end{aligned}$$

□

線形性を使って，和を分解し，定数倍は必要に応じて外に出すというのが計算の基本である．場合によっては (3) のような工夫ができる．

問題 2.1　次の関数をラプラス逆変換せよ．

(1) $\dfrac{1}{(s+2)^5}$

(2) $\dfrac{s^3+5s-12}{s^4}$

(3) $\dfrac{4s^2+5s-10}{(s-3)^3}$

例題 2.2（分母が実係数の 1 次式に因数分解されない場合）

次の関数をラプラス逆変換せよ．

(1) $\dfrac{3s-8}{s^2+4}$　　(2) $\dfrac{5s+4}{s^2+2s+2}$

解答　(1)　この関数はすでに (2.3) の形の式になっている．分子を s の次数ごとに分けて，ラプラス逆変換の線形性を使い，表 2.1 を用いると，

$$\begin{aligned}\mathcal{L}^{-1}\left\{\frac{3s-8}{s^2+4}\right\} &= 3\mathcal{L}^{-1}\left\{\frac{s}{s^2+4}\right\} - 4\mathcal{L}^{-1}\left\{\frac{2}{s^2+4}\right\} \\ &= 3\cos 2t - 4\sin 2t\end{aligned}$$

となる．

(2)　分母を平方完成すると $s^2+2s+2=(s+1)^2+1^2$ となり，$\dfrac{5s+4}{s^2+2s+2}$ は (2.3) の形に変形できることが分かる．

$$\frac{5s+4}{s^2+2s+2} = \frac{a(s+1)+b}{(s+1)^2+1}$$

とおいて，分子を比較すると，

$$5s+4 = a(s+1)+b \tag{2.5}$$

となる．右辺を展開して s の係数を比較することにより，$a=5,\ b=-1$ が分かる．これより，

$$\begin{aligned}\mathcal{L}^{-1}\left\{\frac{5s+4}{s^2+2s+2}\right\} &= 5\mathcal{L}^{-1}\left\{\frac{s+1}{(s+1)^2+1}\right\} - \mathcal{L}^{-1}\left\{\frac{1}{(s+1)^2+1}\right\} \\ &= e^{-t}(5\cos t - \sin t)\end{aligned}$$

となる．□

(1) において，$\mathcal{L}^{-1}\left\{\dfrac{8}{s^2+4}\right\} = 4\mathcal{L}^{-1}\left\{\dfrac{2}{s^2+4}\right\}$ という変形に注意しよう．表 2.1 より，$\mathcal{L}^{-1}\left\{\dfrac{a}{s^2+a^2}\right\} = \sin at$ だから，分母を比較して $a = 2$ ということになり，分子の 8 のうち 2 を残して，$8 \div 2 = 4$ を外に出すのである．(2) では，恒等式 (2.5) において $a = 5$ は明らかなので，最初から $5s + 4 = 5(s + 1) + a$ とおいて a を求めてもよい．

問題 2.2　次の関数をラプラス逆変換せよ．

(1) $\dfrac{7s+9}{s^2+9}$　　(2) $\dfrac{3s+4}{s^2+2}$　　(3) $\dfrac{6-s}{s^2-6s+18}$

例題 2.3（分母が互いに異なる 1 次式に因数分解される場合）

次の関数をラプラス逆変換せよ．

(1) $\dfrac{s+2}{s^2-5s+4}$　　(2) $\dfrac{s^2}{(s-1)(s-2)(s-3)}$

解答　(1)　$s^2 - 5s + 4 = (s-1)(s-4)$ なので，

$$\frac{s+2}{s^2-5s+4} = \frac{a}{s-1} + \frac{b}{s-4} \tag{2.6}$$

の形に分解できる．(2.6) の右辺を通分して，

$$\begin{aligned}\frac{a}{s-1} + \frac{b}{s-4} &= \frac{a(s-4)+b(s-1)}{(s-1)(s-4)} \\ &= \frac{(a+b)s+(-4a-b)}{(s-1)(s-4)}\end{aligned}$$

となるので，最初の式の分子と s の係数を比較して，

$$\begin{cases} a+b=1 \\ -4a-b=2 \end{cases}$$

となる．この連立 1 次方程式を解いて，$a = -1, b = 2$ となるので，

$$\begin{aligned}\mathcal{L}^{-1}\left\{\frac{s+2}{s^2-5s+4}\right\} &= -\mathcal{L}^{-1}\left\{\frac{1}{s-1}\right\} + 2\mathcal{L}^{-1}\left\{\frac{1}{s-4}\right\} \\ &= -e^t + 2e^{4t}\end{aligned}$$

となる．

(1) 別解 (2.6) の両辺に $s^2-5s+4=(s-1)(s-4)$ を掛けて分母を払うと，

$$s+2=a(s-4)+b(s-1) \tag{2.7}$$

となる．(2.7) は s についての恒等式なので，$s=1$ を代入して，

$$3=-3a$$

次に，(2.7) に $s=4$ を代入して，

$$6=3b$$

以上より，$a=-1, b=2$ を得る．（以下同様）

(2)

$$\frac{s^2}{(s-1)(s-2)(s-3)}=\frac{a}{s-1}+\frac{b}{s-2}+\frac{c}{s-3} \tag{2.8}$$

において，右辺を通分すると，

$$\begin{aligned}\frac{a}{s-1}+\frac{b}{s-2}+\frac{c}{s-3}&=\frac{a(s-2)(s-3)+b(s-1)(s-3)+c(s-1)(s-2)}{(s-1)(s-2)(s-3)}\\&=\frac{(a+b+c)s^2+(-5a-4b-3c)s+(6a+3b+2c)}{(s-1)(s-2)(s-3)}\end{aligned}$$

となるので，最初の式の分子と s の係数を比較して，

$$\begin{cases}a+b+c=1\\-5a-4b-3c=0\\6a+3b+2c=0\end{cases}$$

となる．この連立 1 次方程式を解いて，$a=\dfrac{1}{2}$，$b=-4$，$c=\dfrac{9}{2}$ となるので，

$$\begin{aligned}&\mathcal{L}^{-1}\left\{\frac{s^2}{(s-1)(s-2)(s-3)}\right\}\\&=\frac{1}{2}\mathcal{L}^{-1}\left\{\frac{1}{s-1}\right\}-4\mathcal{L}^{-1}\left\{\frac{1}{s-2}\right\}+\frac{9}{2}\mathcal{L}^{-1}\left\{\frac{1}{s-3}\right\}\end{aligned}$$

$$= \frac{1}{2}e^t - 4e^{2t} + \frac{9}{2}e^{3t}$$

となる．

(2) 別解　(2.8) の両辺に $(s-1)(s-2)(s-3)$ を掛けて分母を払うと，

$$s^2 = a(s-2)(s-3) + b(s-1)(s-3) + c(s-1)(s-2) \tag{2.9}$$

となる．(2.9) に $s=1$，$s=2$，$s=3$ をそれぞれ代入して，

$$\begin{cases} 1 = 2a \\ 4 = -b \\ 9 = 2c \end{cases}$$

以上より，$a = \dfrac{1}{2}$，$b=-4$，$c = \dfrac{9}{2}$ を得る．（以下同様）□

このように，部分分数分解を求める主な方法として，

- 分解した式を通分して，元の式と分子の係数を比較する
- 分解した式の分母を払って恒等式をつくり，特定の値を代入する

という 2 つがある．どちらでも好きな方を用いてよい．

問題 2.3　次の関数をラプラス逆変換せよ．

(1)　$\dfrac{2s+2}{2s^2-s-1}$

(2)　$\dfrac{s}{(s+1)(s+3)(s+5)}$

例題 2.4（分母の因数分解が同一の因数を複数含む場合）

次の関数をラプラス逆変換せよ．

(1)　$\dfrac{s^2+5}{(s+1)^2(s-2)^2}$　　(2)　$\dfrac{s^3+4}{(s^2+4)^2}$

解答　(1)　式 (2.2) より，

$$\frac{s^2+5}{(s+1)^2(s-2)^2} = \frac{a}{s+1} + \frac{b}{(s+1)^2} + \frac{c}{s-2} + \frac{d}{(s-2)^2} \tag{2.10}$$

の形に分解できる．(2.10) の右辺を通分して，

$$\frac{a}{s+1} + \frac{b}{(s+1)^2} + \frac{c}{s-2} + \frac{d}{(s-2)^2}$$

$$= \frac{a(s+1)(s-2)^2 + b(s-2)^2 + c(s+1)^2(s-2) + d(s+1)^2}{(s+1)^2(s-2)^2}$$

$$= \frac{(a+c)s^3 + (-3a+b+d)s^2 + (-4b-3c+2d)s + (4a+4b-2c+d)}{(s+1)^2(s-2)^2}$$

となるので，最初の式の分子と s の係数を比較して，

$$\begin{cases} a+c=0 \\ -3a+b+d=1 \\ -4b-3c+2d=0 \\ 4a+4b-2c+d=5 \end{cases}$$

となる．この連立 1 次方程式を解いて，$a=\dfrac{2}{9}$，$b=\dfrac{2}{3}$，$c=-\dfrac{2}{9}$，$d=1$ となるので，

$$\begin{aligned} &\mathcal{L}^{-1}\left\{\frac{s^2+5}{(s+1)^2(s-2)^2}\right\} \\ &= \frac{2}{9}\mathcal{L}^{-1}\left\{\frac{1}{s+1}\right\} + \frac{2}{3}\mathcal{L}^{-1}\left\{\frac{1}{(s+1)^2}\right\} \\ &\quad - \frac{2}{9}\mathcal{L}^{-1}\left\{\frac{1}{s-2}\right\} + \mathcal{L}^{-1}\left\{\frac{1}{(s-2)^2}\right\} \\ &= \left(\frac{2}{9}+\frac{2t}{3}\right)e^{-t} + \left(t-\frac{2}{9}\right)e^{2t} \end{aligned}$$

となる．

(1) 別解　(2.10) の両辺に $(s+1)^2(s-2)^2$ を掛けて分母を払うと，

$$s^2+5 = a(s+1)(s-2)^2 + b(s-2)^2 + c(s+1)^2(s-2) + d(s+1)^2 \quad (2.11)$$

となる．(2.11) に $s=-1$，$s=2$ をそれぞれ代入して，

$$6 = 9b, \quad 9 = 9d$$

より，$b=\dfrac{2}{3}$，$d=1$ を得る．次に，(2.11) の両辺を s で微分すると，

$$\begin{aligned} 2s &= a(s-2)^2 + 2a(s+1)(s-2) + 2b(s-2) \\ &\quad + c(s+1)^2 + 2c(s+1)(s-2) + 2d(s+1) \end{aligned} \quad (2.12)$$

となり，(2.12) に $s=-1$，$s=2$ をそれぞれ代入して，

$$-2 = 9a - 6b, \quad 4 = 9c + 6d$$

より，$a = \dfrac{2}{9}$，$c = -\dfrac{2}{9}$ を得る．（以下同様）

(2)　定理 2.3 より，

$$\frac{s^3+4}{(s^2+4)^2} = \frac{as+b}{s^2+4} + \frac{cs+d}{(s^2+4)^2}$$

の形に分解できるが，表 2.1 を使うことを考え，少し形の異なる

$$\frac{s^3+4}{(s^2+4)^2} = \frac{as+2b}{s^2+4} + \frac{c(s^2-4)+4ds}{(s^2+4)^2} \tag{2.13}$$

の形に変形する．(2.13) の右辺を通分して，

$$\begin{aligned}
&\frac{as+2b}{s^2+4} + \frac{c(s^2-4)+4ds}{(s^2+4)^2} \\
&\quad = \frac{(as+2b)(s^2+4)+c(s^2-4)+4ds}{(s^2+4)^2} \\
&\quad = \frac{as^3+(2b+c)s^2+(4a+4d)s+(8b-4c)}{(s^2+4)^2}
\end{aligned}$$

となるので，最初の式の分子と s の係数を比較して，

$$\begin{cases} a = 1 \\ 2b + c = 0 \\ 4a + 4d = 0 \\ 8b - 4c = 4 \end{cases}$$

となる．この連立 1 次方程式を解いて，$a = 1$，$b = \dfrac{1}{4}$，$c = -\dfrac{1}{2}$，$d = -1$ となるので，

$$\begin{aligned}
&\mathcal{L}^{-1}\left\{\frac{s^3+4}{(s^2+4)^2}\right\} \\
&= \mathcal{L}^{-1}\left\{\frac{s}{s^2+4}\right\} + \frac{1}{4}\mathcal{L}^{-1}\left\{\frac{2}{s^2+4}\right\} - \frac{1}{2}\mathcal{L}^{-1}\left\{\frac{s^2-4}{(s^2+4)^2}\right\} \\
&\quad -\mathcal{L}^{-1}\left\{\frac{4s}{(s^2+4)^2}\right\} \\
&= \left(1-\frac{t}{2}\right)\cos 2t + \left(\frac{1}{4}-t\right)\sin 2t
\end{aligned}$$

となる．

(2) 別解　(2.13) の両辺に $(s^2+4)^2$ を掛けて分母を払うと，

$$s^3+4=(as+2b)(s^2+4)+c(s^2-4)+4ds \tag{2.14}$$

となる．(2.14) に $s=2i$ を代入すると，$s^2+4=0$ より，

$$4-8i=-8c+8di$$

より，実部どうし，虚部どうしを比較することにより $c=-\dfrac{1}{2}$, $d=-1$ を得る．次に，(2.14) の両辺を s で微分すると，

$$3s^2=a(s^2+4)+(as+2b)\cdot 2s+2cs+4d \tag{2.15}$$

となり，(2.15) に $s=2i$ を代入して，

$$-12=-8a+4d+(8b+4c)i$$

より，$a=1$, $b=\dfrac{1}{4}$ を得る．(以下同様)　□

(2.10) の式の形に注意しておこう．(1) の別解では，(2.11) が s についての恒等式なので，両辺を微分しても，また恒等式になる（注意：方程式の両辺を微分してはいけない）．さらに (2) の別解のように s に複素数を代入できる．(2.14) では 2 次方程式 $s^2+4=0$ の解の 1 つである $s=2i$ を代入することにより，項の数を減らしている．

問題 2.4　次の関数をラプラス逆変換せよ．

(1)　$\dfrac{3s^2+2s-5}{(s+2)^2(s-1)^2}$

(2)　$\dfrac{2s^3-4s}{(s^2+16)^2}$

(3)　$\dfrac{s^2-3s-4}{(s-1)^2(s^2+1)}$

2.2 線形常微分方程式のラプラス変換による解法

この節では，定数係数線形常微分方程式の初期値問題をラプラス変換を用いて解く方法を説明する．

未知関数 $y = y(t)$ とその（高次）導関数 y', y'', ... に関する等式を**常微分方程式** (ordinary differential equation) といい，その中でも，y, y', y'', ... に関して 1 次式であるものを**線形常微分方程式**という．さらに，線形常微分方程式の中における y, y', y'', ... の係数がすべて変数 t を含まない定数であるとき，**定数係数**であるという．一方，y, y', y'', ... の係数のうち，1 つでも t を含むものがあるとき，**変数係数**であるという．常微分方程式に含まれる y の導関数でのうち最も高次のものが $y^{(n)}(t) = \dfrac{d^n}{dt^n}y(t)$ であるとき，$\boldsymbol{n}$ **階**の常微分方程式という．例えば，

$$3y'' + 5y' + 6y = t^2$$

は 2 階の定数係数線形常微分方程式であり，

$$y''' - 4y' + ty = 0$$

は 3 階の変数係数線形常微分方程式である．

常微分方程式を満たす関数 $y(t)$ をその微分方程式の**解**と呼ぶ．解をすべてまとめて表現したものを**一般解**といい，ある条件を満たす特定の解のことを**特殊解**という．この節では，$t = 0$ における**初期条件** (initial condition) を満たす解を求める**初期値問題**を扱う．一般に，n 階線形常微分方程式の場合，$t = 0$ における y の値と $n - 1$ 階までの導関数の値

$$y(0),\ y'(0),\ y''(0), \ldots,\ y^{(n-1)}(0)$$

を指定しておけば，それを満たす解は一意的に定まることが知られている．これらの値の指定を初期条件という．

初期値問題を解く手順は次の通りである．まず，与えられた定数係数線形常微分方程式の両辺をラプラス変換する．このとき，t を独立変数とする未知関数 $y(t)$ は s を独立変数とする関数 $Y(s) = \mathcal{L}\{y(t)\}$ に変わる．そして，$y(t)$ に関する常微分方程式は $Y(s)$ に関する 1 次方程式に変わっている．次にこの 1 次方程式を解くと $Y(s)$ が得られる．最後に $Y(s)$ をラプラス逆変換するこ

とにより，$y(t)$ が求められる．図式的に表すと，

$y(t)$ に関する定数係数線形常微分方程式 $\xrightarrow{\mathcal{L}}$ $Y(s)$ に関する 1 次方程式

↓ 解く

$y(t)$ が得られる $\xleftarrow{\mathcal{L}^{-1}}$ ラプラス変換表が使える形 $\xleftarrow{\text{部分分数分解}}$ $Y(s)$ が得られる

となる．最初のラプラス変換をするときに，微分法則（定理 1.7）を用いる．微分法則を n 階の場合も含めて書くと，$\mathcal{L}\{y(t)\} = Y(s)$ のとき，

$$
\begin{aligned}
\mathcal{L}\{y'(t)\} &= sY(s) - y(0) \\
\mathcal{L}\{y''(t)\} &= s^2Y(s) - y(0)s - y'(0) \\
\mathcal{L}\{y'''(t)\} &= s^3Y(s) - y(0)s^2 - y'(0)s - y''(0) \\
&\cdots \\
\mathcal{L}\{y^{(n)}(t)\} &= s^nY(s) - y(0)s^{n-1} - y'(0)s^{n-2} - \cdots - y^{(n-1)}(0)
\end{aligned}
$$

となる．したがって，初期条件は最初のラプラス変換のときに用いることになる．例題で見てみよう．

例題 2.5（定数係数線形常微分方程式 (1)）

次の初期値問題を解け．

(1)　$y' - 4y = 3,\ y(0) = -1$

(2)　$y'' - 8y' + 7y = 0,\ y(0) = 1,\ y'(0) = -4$

解答　(1)　方程式の両辺をラプラス変換して，

$$
\begin{aligned}
sY(s) - y(0) - 4Y(s) &= \frac{3}{s} \\
(s-4)Y(s) &= \frac{3}{s} - 1 \\
Y(s) &= \frac{3-s}{s(s-4)}
\end{aligned}
$$

ここで，部分分数分解を行う．

$$
\frac{3+s}{s(s-4)} = \frac{a}{s} + \frac{b}{s-4}
$$

とおいて，a, b を求めると，$a = -\dfrac{3}{4}$, $b = -\dfrac{1}{4}$. よって，

$$Y(s) = -\frac{3}{4}\frac{1}{s} - \frac{1}{4}\frac{1}{s-4}$$

であり，両辺をラプラス逆変換して，

$$y(t) = -\frac{1}{4}(3 + e^{4t})$$

が求める解である．

(2)　方程式の両辺をラプラス変換して，

$$\begin{aligned} s^2Y(s) - y(0)s - y'(0) - 8(sY(s) - y(0)) + 7Y(s) &= 0 \\ (s^2 - 8s + 7)Y(s) &= s - 12 \\ Y(s) &= \frac{s-12}{(s-1)(s-7)} \end{aligned}$$

ここで，

$$\frac{s-12}{(s-1)(s-7)} = \frac{a}{s-1} + \frac{b}{s-7}$$

とおいて，a, b を求めると，$a = \dfrac{11}{6}$, $b = -\dfrac{5}{6}$. よって，

$$Y(s) = \frac{11}{6}\frac{1}{s-1} - \frac{5}{6}\frac{1}{s-7}$$

であり，両辺をラプラス逆変換して，

$$y(t) = \frac{1}{6}(11e^t - 5e^{7t})$$

が求める解である．□

注意　定数関数 0 のラプラス変換の像は 0 だが，1 のラプラス変換の像は $\dfrac{1}{s}$ であって，1 ではない．ここで間違えると致命的なミスになってしまう．

問題 2.5　次の初期値問題を解け．

(1)　$2y' + 4y = 5$, $y(0) = -1$

(2)　$y'' + 2y' - 15y = 0$, $y(0) = 6$, $y'(0) = -14$

例題 2.6（定数係数線形常微分方程式 (2)）

次の初期値問題を解け.

(1) $y'' + 4y = \sin 3t,\ y(0) = 0,\ y'(0) = 4$

(2) $y'' + 6y' + 9y = 3e^{-2t},\ y(0) = 1,\ y'(0) = 0$

解答 (1) 方程式の両辺をラプラス変換して,

$$
\begin{aligned}
s^2Y(s) - y(0)s - y'(0) + 4Y(s) &= \frac{3}{s^2+9} \\
(s^2+4)Y(s) &= \frac{3+4(s^2+9)}{s^2+9} \\
Y(s) &= \frac{4s^2+39}{(s^2+4)(s^2+9)}
\end{aligned}
$$

ここで,

$$
\frac{4s^2+39}{(s^2+4)(s^2+9)} = \frac{as+b}{s^2+4} + \frac{cs+d}{s^2+9}
$$

とおいて, a, b, c, d を求めると, $a=0,\ b=\frac{23}{5},\ c=0,\ d=-\frac{3}{5}$. よって,

$$
Y(s) = \frac{23}{10}\frac{2}{s^2+4} - \frac{1}{5}\frac{3}{s^2+9}
$$

であり, 両辺をラプラス逆変換して,

$$
y(t) = \frac{1}{10}(23\sin 2t - 2\sin 3t)
$$

が求める解である.

(2) 方程式の両辺をラプラス変換して,

$$
\begin{aligned}
s^2Y(s) - y(0)s - y'(0) + 6(sY(s) - y(0)) + 9Y(s) &= \frac{3}{s+2} \\
(s^2+6s+9)Y(s) &= \frac{3+(s+6)(s+2)}{s+2} \\
Y(s) &= \frac{s^2+8s+15}{(s+3)^2(s+2)} \\
&= \frac{s+5}{(s+3)(s+2)}
\end{aligned}
$$

ここで,

$$\frac{s+5}{(s+3)(s+2)} = \frac{a}{s+3} + \frac{b}{s+2}$$

とおいて, a, b を求めると, $a=-2$, $b=3$. よって,

$$Y(s) = \frac{-2}{s+3} + \frac{3}{s+2}$$

であり, 両辺をラプラス逆変換して,

$$y(t) = -2e^{-3t} + 3e^{-2t}$$

が求める解である. □

注意 (1) において, $a=c=0$ になるのは実はすぐに分かる. $Y(s)$ の式の中の s は必ず s^2 の形で現れているので, $u=s^2$ とおけば, u だけの式で部分分数分解ができるからである. また, (2) のように, $Y(s)$ の式が約分できて, 簡単になってしまう場合がある.

問題 2.6 次の初期値問題を解け.

(1) $y''+y=\cos 2x$, $y(0)=0$, $y'(0)=0$

(2) $y''+8y'-9y=e^{3t}$, $y(0)=2$, $y'(0)=0$

(3) $y''-5y'+4y=6e^{t}$, $y(0)=0$, $y'(0)=-2$

この章の最後に, 連立線形微分方程式の例を挙げる. 未知関数が $x(t)$, $y(t)$ の 2 つある場合についても, 微分方程式をラプラス変換することにより連立 1 次方程式になり, それを解いてラプラス逆変換すれば, $x(t)$, $y(t)$ を求めることができる.

例題 2.7（連立線形常微分方程式）

次の連立線形常微分方程式を解け．

$$\begin{cases} x' + 2y' = t \\ 3x' - 2y + 5y' = 3, \end{cases} \quad \begin{cases} x(0) = -9 \\ y(0) = 2 \end{cases}$$

解答　$X(s) = \mathcal{L}\{x(t)\}$, $Y(s) = \mathcal{L}\{y(t)\}$ とおく．方程式をそれぞれラプラス変換して，

$$\begin{cases} sX(s) - x(0) + 2(sY(s) - y(0)) = \dfrac{1}{s^2} \\ 3(sX(s) - x(0)) - 2Y(s) + 5(sY(s) - y(0)) = \dfrac{3}{s} \end{cases}$$

すなわち，

$$\begin{cases} sX(s) + 2sY(s) = \dfrac{1+s^2}{s^2} \\ 3sX(s) + (5s-2)Y(s) = \dfrac{3+7s}{s} \end{cases}$$

これを $X(s), Y(s)$ に関する連立1次方程式と見て解くと，

$$\begin{cases} X(s) = -\dfrac{9s^3 + 4s^2 + 5s - 2}{s^3(s+2)} \\ Y(s) = \dfrac{2s^2 - 3s + 3}{s^2(s+2)} \end{cases}$$

となり，$X(s)$, $Y(s)$ をそれぞれ部分分数分解して，

$$\begin{cases} X(s) = -\dfrac{1}{2s} - \dfrac{3}{s^2} + \dfrac{1}{s^3} - \dfrac{17}{2(s+2)} \\ Y(s) = -\dfrac{9}{4s} + \dfrac{3}{2s^2} + \dfrac{17}{4(s+2)} \end{cases}$$

となる．ラプラス逆変換すると，求める解は

$$\begin{cases} x(t) = -\dfrac{1}{2}(17e^{-2t} - t^2 + 6t + 1) \\ y(t) = \dfrac{1}{4}(17e^{-2t} + 6t - 9) \end{cases}$$

である．□

問題 2.7　次の連立線形常微分方程式を解け．

(1) $\begin{cases} 5x' + y' = 0 \\ x + 4x' + y' = 3, \end{cases} \quad \begin{cases} x(0) = 4 \\ y(0) = 6 \end{cases}$　　(2) $\begin{cases} x' + y' = \sin t \\ x' - y + 2y' = \cos t, \end{cases} \quad \begin{cases} x(0) = 3 \\ y(0) = 6 \end{cases}$

演習問題

□ **2.1**　次の関数をラプラス逆変換せよ．

(1)　$\dfrac{s}{s^3+1}$

(2)　$\dfrac{s^3}{s^4-1}$

(3)　$\dfrac{3s-5}{4s^2-6s+1}$

(4)　$\dfrac{5s^3-4}{(s^2+1)(s^2+2s+2)}$

□ **2.2**　次の初期値問題を解け．

(1)　$y''' + y = t^2,\ y(0) = 1,\ y'(0) = 0,\ y''(0) = 3$

(2)　$y''' - 3y'' + 3y' - y = e^t + 2e^{-3t},\ y(0) = 2,\ y'(0) = 1,\ y''(0) = -4$

(3)　$y^{(4)} - y = \cos t + \cos 2t,\ y(0) = y'(0) = y''(0) = y'''(0) = 0$

(4)　$y'' + 5y' + 4y = te^t,\ y(1) = 1,\ y'(1) = 2$

□ **2.3**　次の連立線形常微分方程式を解け．

(1)　$\begin{cases} x - 3x' + 5y' = 6 \\ x' - 3y' = e^{\frac{3}{4}t}, \end{cases} \quad \begin{cases} x(0) = 3 \\ y(0) = -2 \end{cases}$

(2)　$\begin{cases} x + y + x' + y' = \cos 2t \\ x + 4y + 2x' + 3y' = \sin 2t, \end{cases} \quad \begin{cases} x(0) = 1 \\ y(0) = -2 \end{cases}$

第3章
フーリエ級数とフーリエ積分

フーリエ解析では，フーリエ級数とフーリエ積分を扱う．フーリエ級数は，あらゆる周期 2π の周期関数を $\cos nx$ と $\sin nx$ という形の三角関数の無限和として表そうという試みである．フーリエ級数は一般の周期 $2L$ の周期関数にも拡張でき，そのフーリエ級数で $L \to \infty$ とした場合がフーリエ積分となる．フーリエ積分はもはや周期関数ではなく，$\mathbb{R}$ 上定義された一般の関数が対象となる．フーリエ解析の準備として，線形代数で学ぶ内積空間を復習する．

[3章の内容]

内積空間
直交関数系
フーリエ展開
偶関数・奇関数のフーリエ展開
パーセバルの等式
周期 $2L$ の周期関数のフーリエ展開
複素フーリエ級数
フーリエ変換

3.1 内積空間

実ベクトル空間（実数によるスカラー倍が定義されているベクトル空間）V において，V の任意の 2 つのベクトル $\boldsymbol{u}$, $\boldsymbol{v}$ に対して実数 $(\boldsymbol{u},\boldsymbol{v})$ が対応しており，以下の性質 (I1), (I2), (I3), (I4) を満たしているとき V を**実内積空間**といい，$(\boldsymbol{u},\boldsymbol{v})$ を $\boldsymbol{u}$ と $\boldsymbol{v}$ の**内積** (inner product) または**スカラー積** (scalar product) という．

(I1) $(\boldsymbol{u},\boldsymbol{u}) \geq 0,\ \boldsymbol{u} \in V$ であり，$(\boldsymbol{u},\boldsymbol{u}) = 0 \Leftrightarrow \boldsymbol{u} = \boldsymbol{0}$

(I2) $(\boldsymbol{u},\boldsymbol{v}) = (\boldsymbol{v},\boldsymbol{u}),\ \boldsymbol{u},\boldsymbol{v} \in V$

(I3) $(c\boldsymbol{u},\boldsymbol{v}) = c(\boldsymbol{u},\boldsymbol{v}),\ c \in \mathbb{R},\ \boldsymbol{u},\boldsymbol{v} \in V$

(I4) $(\boldsymbol{u}_1 + \boldsymbol{u}_2,\boldsymbol{v}) = (\boldsymbol{u}_1,\boldsymbol{v}) + (\boldsymbol{u}_2,\boldsymbol{v}),\ \boldsymbol{u}_1,\boldsymbol{u}_2,\boldsymbol{v} \in V$

実内積空間 V において，次が成り立つ．

(I5) $(\boldsymbol{u},c\boldsymbol{v}) = c(\boldsymbol{u},\boldsymbol{v}),\ c \in \mathbb{R},\ \boldsymbol{u},\boldsymbol{v} \in V$

(I6) $(\boldsymbol{u},\boldsymbol{v}_1 + \boldsymbol{v}_2) = (\boldsymbol{u},\boldsymbol{v}_1) + (\boldsymbol{u},\boldsymbol{v}_2),\ \boldsymbol{u},\boldsymbol{v}_1,\boldsymbol{v}_2 \in V$

(I3), (I4), (I5), (I6) をまとめて実ベクトル空間における内積の**双線形性** (bilinearity) という．

また，V が複素ベクトル空間（複素数によるスカラー倍が定義されているベクトル空間）のとき，V の任意の 2 つのベクトル $\boldsymbol{u}$, $\boldsymbol{v}$ に対して複素数 $(\boldsymbol{u},\boldsymbol{v})$ が対応しており (I1), (I4) および次の性質 (I2)$'$, (I3)$'$ を満たすならば，V を**複素内積空間**といい，$(\boldsymbol{u},\boldsymbol{v})$ を $\boldsymbol{u}$ と $\boldsymbol{v}$ の内積という．

(I2)$'$ $(\boldsymbol{u},\boldsymbol{v}) = \overline{(\boldsymbol{v},\boldsymbol{u})},\ \boldsymbol{u},\boldsymbol{v} \in V$

(I3)$'$ $(c\boldsymbol{u},\boldsymbol{v}) = c(\boldsymbol{u},\boldsymbol{v}),\ c \in \mathbb{C},\ \boldsymbol{u},\boldsymbol{v} \in V$

ここで，$\bar{}$ は複素共役（$\overline{a+bi} = a - bi,\ a,b \in \mathbb{R}$）を表す．複素内積空間 V において (I6) および次が成り立つ．

(I5)$'$ $(\boldsymbol{u},c\boldsymbol{v}) = \overline{c}(\boldsymbol{u},\boldsymbol{v}),\ c \in \mathbb{C},\ \boldsymbol{u},\boldsymbol{v} \in V$

(I3)′, (I4), (I5)′, (I6) をまとめて複素ベクトル空間における内積の**半双線形性** (sesquilinearity) という．

実または複素内積空間 V において，ベクトルの**ノルム** (norm) または**長さ**が次のように定義される．

(N0) $\|\boldsymbol{u}\| = \sqrt{(\boldsymbol{u}, \boldsymbol{u})},\ \boldsymbol{u} \in V$

ノルムは次の性質を持つ．

(N1) $\|\boldsymbol{u}\| \geq 0,\ \boldsymbol{u} \in V$ であり，$\|\boldsymbol{u}\| = 0 \Leftrightarrow \boldsymbol{u} = \boldsymbol{0}$

(N2) $\|c\boldsymbol{u}\| = |c|\|\boldsymbol{u}\|,\ c \in \mathbb{R}$（複素内積空間のときは $c \in \mathbb{C}$），$\boldsymbol{u} \in V$

(N3) **（三角不等式）** $\|\boldsymbol{u} + \boldsymbol{v}\| \leq \|\boldsymbol{u}\| + \|\boldsymbol{v}\|,\ \boldsymbol{u}, \boldsymbol{v} \in V$

さらに，内積とノルムの関係を示す次の不等式も重要である．

(N4) **（コーシー–シュワルツの不等式）** $|(\boldsymbol{u}, \boldsymbol{v})| \leq \|\boldsymbol{u}\|\|\boldsymbol{v}\|,\ \boldsymbol{u}, \boldsymbol{v} \in V$

実内積空間 V において，$\boldsymbol{u}$, $\boldsymbol{v} \in V$ が $\boldsymbol{u} \neq \boldsymbol{0}$, $\boldsymbol{v} \neq \boldsymbol{0}$ を満たすとき，コーシー–シュワルツの不等式より，

$$\frac{|(\boldsymbol{u}, \boldsymbol{v})|}{\|\boldsymbol{u}\|\|\boldsymbol{v}\|} \leq 1, \quad \text{すなわち，} -1 \leq \frac{(\boldsymbol{u}, \boldsymbol{v})}{\|\boldsymbol{u}\|\|\boldsymbol{v}\|} \leq 1$$

が成り立つので，

$$\cos\theta = \frac{(\boldsymbol{u}, \boldsymbol{v})}{\|\boldsymbol{u}\|\|\boldsymbol{v}\|}$$

を満たす θ $(0 \leq \theta \leq \pi)$ が一意的に存在する．この θ を $\boldsymbol{u}$ と $\boldsymbol{v}$ の**なす角**という．特に，なす角が $\dfrac{\pi}{2}$ のとき，すなわち，

$$(\boldsymbol{u}, \boldsymbol{v}) = 0$$

のとき，$\boldsymbol{u}$ と $\boldsymbol{v}$ は**直交する**という．

n 次元実ベクトル空間 $\mathbb{R}^n$ において，$\boldsymbol{u}$, $\boldsymbol{v} \in \mathbb{R}^n$ が

$$\boldsymbol{u} = \begin{bmatrix} a_1 \\ a_2 \\ \vdots \\ a_n \end{bmatrix}, \quad \boldsymbol{v} = \begin{bmatrix} b_1 \\ b_2 \\ \vdots \\ b_n \end{bmatrix}$$

と成分表示されているとき，$(\boldsymbol{u}, \boldsymbol{v})$ を

$$(\boldsymbol{u}, \boldsymbol{v}) = a_1 b_1 + a_2 b_2 + \cdots + a_n b_n \tag{3.1}$$

と定めると，これは (I1), (I2), (I3), (I4) を満たす内積である．また，n 次元複素ベクトル空間 $\mathbb{C}^n$ において $\boldsymbol{u}$, $\boldsymbol{v} \in \mathbb{C}^n$ が上と同様の成分表示をもつとき，$(\boldsymbol{u}, \boldsymbol{v})$ を

$$(\boldsymbol{u}, \boldsymbol{v}) = a_1 \overline{b_1} + a_2 \overline{b_2} + \cdots + a_n \overline{b_n} \tag{3.2}$$

と定めると，これは (I1), (I2)′, (I3)′, (I4) を満たす内積である．$\mathbb{R}^n$ において，ノルムは

$$\|\boldsymbol{u}\| = \sqrt{{a_1}^2 + {a_2}^2 + \cdots + {a_n}^2} \tag{3.3}$$

と表現でき，$\mathbb{C}^n$ においては

$$\|\boldsymbol{u}\| = \sqrt{|a_1|^2 + |a_2|^2 + \cdots + |a_n|^2} \tag{3.4}$$

と表現される（一般に複素数 α について $\alpha\overline{\alpha} = |\alpha|^2$ が成り立つので注意）．

問題 3.1

(1)　式 (3.1) で定義された内積 $(\boldsymbol{u}, \boldsymbol{v})$ が (I1), (I2), (I3), (I4) を満たすことを確認せよ．

(2)　式 (3.2) で定義された内積 $(\boldsymbol{u}, \boldsymbol{v})$ が (I1), (I2)′, (I3)′, (I4) を満たすことを確認せよ．

次に，内積と深い関係にある正規直交基底について説明する．V の基底 $\{\boldsymbol{u}_1,\ \boldsymbol{u}_2, \ldots,\ \boldsymbol{u}_n\}$ が**正規直交基底** (orthonormal basis) であるとは，次を満たすことをいう．

(O1)　$(\boldsymbol{u}_i, \boldsymbol{u}_j) = \delta_{ij},\ 1 \leq i \leq n,\ 1 \leq j \leq n.$

ただし，

$$\delta_{ij} = \begin{cases} 1 & (i = j) \\ 0 & (i \neq j) \end{cases}$$

(**クロネッカーのデルタ**と呼ぶ) とする．すなわち，正規直交基底とは，基底を構成するベクトルはすべてノルム 1 (単位ベクトル) であり，それらのベクトルが互いに直交しているものをいう．

$\mathbb{R}^n$ において，

$$\boldsymbol{e}_1 = \begin{bmatrix} 1 \\ 0 \\ 0 \\ \vdots \\ 0 \end{bmatrix}, \ \boldsymbol{e}_2 = \begin{bmatrix} 0 \\ 1 \\ 0 \\ \vdots \\ 0 \end{bmatrix}, \ \boldsymbol{e}_3 = \begin{bmatrix} 0 \\ 0 \\ 1 \\ \vdots \\ 0 \end{bmatrix}, \ldots, \ \boldsymbol{e}_n = \begin{bmatrix} 0 \\ 0 \\ 0 \\ \vdots \\ 1 \end{bmatrix}$$

からなる基底 $\{\boldsymbol{e}_1, \boldsymbol{e}_2, \ldots, \boldsymbol{e}_n\}$ を $\mathbb{R}^n$ の**標準基底** (standard basis) という．$\mathbb{C}^n$ においても同じ標準基底を考える．直接計算により，次が簡単に分かる．

定理 3.1

標準基底 $\{\boldsymbol{e}_1, \boldsymbol{e}_2, \ldots, \boldsymbol{e}_n\}$ は $\mathbb{R}^n$ および $\mathbb{C}^n$ の正規直交基底である．

正規直交基底が一般の基底に比べて便利な点は，次の直交展開である．

定理 3.2 (直交展開)

$\mathbb{R}^n$ (または $\mathbb{C}^n$) の正規直交基底 $\{\boldsymbol{u}_1, \boldsymbol{u}_2, \ldots, \boldsymbol{u}_n\}$ があるとき，$\mathbb{R}^n$ (または $\mathbb{C}^n$) の任意のベクトル $\boldsymbol{a}$ は

$$\boldsymbol{a} = c_1\boldsymbol{u}_1 + c_2\boldsymbol{u}_2 + \cdots + c_n\boldsymbol{u}_n$$

(ここで，$c_i = (\boldsymbol{a}, \boldsymbol{u}_i)$, $1 \leq i \leq n$) と表現できる．また，$\boldsymbol{a}$ のノルムは

$$\|\boldsymbol{a}\| = \sqrt{{c_1}^2 + {c_2}^2 + \cdots + {c_n}^2}$$
$$\left(\mathbb{C}^n \text{ では } \|\boldsymbol{a}\| = \sqrt{|c_1|^2 + |c_2|^2 + \cdots + |c_n|^2}\right)$$

と表される．

つまり，与えられたベクトルを正規直交基底のベクトルの1次結合で表すときに，連立1次方程式を解く必要はなく，内積の計算だけで係数が得られる．また，ノルムの計算は標準基底による表現（ベクトルの成分表示）を用いた (3.3), (3.4) と同様になる．

例題 3.1（正規直交基底）

$\mathbb{R}^3$ のベクトル

$$\boldsymbol{v}_1 = c_1 \begin{bmatrix} 2 \\ -1 \\ 3 \end{bmatrix}, \quad \boldsymbol{v}_2 = c_2 \begin{bmatrix} 1 \\ 2 \\ 0 \end{bmatrix}, \quad \boldsymbol{v}_3 = c_3 \begin{bmatrix} -6 \\ 3 \\ 5 \end{bmatrix}$$

（c_1，c_2，c_3 は正の実数）について，以下の問いに答えよ．

(1)　3つのベクトル $\boldsymbol{v}_1$，$\boldsymbol{v}_2$，$\boldsymbol{v}_3$ からどの2つを選んでも，直交していることを示せ．

(2)　$\{\boldsymbol{v}_1, \boldsymbol{v}_2, \boldsymbol{v}_3\}$ が $\mathbb{R}^3$ の正規直交基底となるように c_1，c_2，c_3 の値を定めよ．

(3)　$\boldsymbol{u} = \begin{bmatrix} 0 \\ 3 \\ 3 \end{bmatrix}$ を $\boldsymbol{v}_1$，$\boldsymbol{v}_2$，$\boldsymbol{v}_3$ の1次結合で表せ．

解答　(1)　(I3), (I5) より，

$$\begin{aligned}(\boldsymbol{v}_1, \boldsymbol{v}_2) &= c_1 c_2 (2 \cdot 1 + (-1) \cdot 2 + 3 \cdot 0) \\ &= 0\end{aligned}$$

となり，$\boldsymbol{v}_1$ と $\boldsymbol{v}_2$ は直交する．同様にして，$(\boldsymbol{v}_1, \boldsymbol{v}_3) = 0$，$(\boldsymbol{v}_2, \boldsymbol{v}_3) = 0$ となる．

(2)

$$\left\| \begin{bmatrix} 2 \\ -1 \\ 3 \end{bmatrix} \right\| = \sqrt{2^2 + (-1)^2 + 3^2} = \sqrt{14}$$

であるから，$c_1 = \dfrac{1}{\sqrt{14}}$ とおけば，(N2) より，

$$\|\boldsymbol{v}_1\| = \frac{1}{\sqrt{14}}\left\|\begin{bmatrix} 2 \\ -1 \\ 3 \end{bmatrix}\right\| = 1$$

となる．同様にして，$c_2 = \dfrac{1}{\sqrt{5}}$，$c_3 = \dfrac{1}{4\sqrt{5}}$ が得られる．

(3)

$$(\boldsymbol{u}, \boldsymbol{v}_1) = \frac{3\sqrt{14}}{7}, \quad (\boldsymbol{u}, \boldsymbol{v}_2) = \frac{6\sqrt{5}}{5}, \quad (\boldsymbol{u}, \boldsymbol{v}_3) = \frac{6\sqrt{5}}{5}$$

より，

$$\boldsymbol{u} = \frac{3\sqrt{14}}{7}\boldsymbol{v}_1 + \frac{6\sqrt{5}}{5}\boldsymbol{v}_2 + \frac{6\sqrt{5}}{5}\boldsymbol{v}_3$$

と表される（図 3.1）．

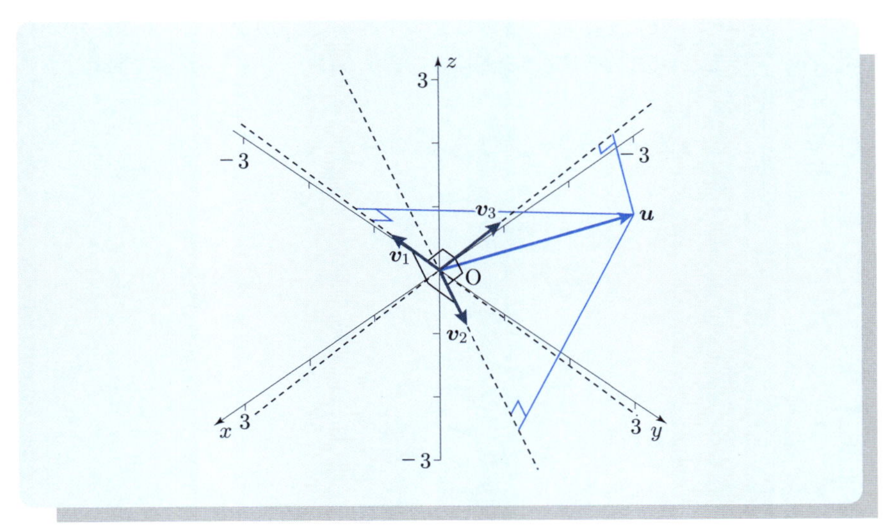

図 3.1 正規直交基底への射影

□

図 3.1 で，原点を始点とし，$\boldsymbol{u}$ から $\boldsymbol{v}_1$ へ下ろした垂線の足を終点とするベクトル（位置ベクトル）は $\dfrac{3\sqrt{14}}{7}\boldsymbol{v}_1$ であり，同様に $\boldsymbol{u}$ から $\boldsymbol{v}_2$，$\boldsymbol{v}_3$ へ下ろした垂線の足の位置ベクトルはそれぞれ $\dfrac{6\sqrt{5}}{5}\boldsymbol{v}_2$，$\dfrac{6\sqrt{5}}{5}\boldsymbol{v}_3$ であり，$\boldsymbol{u}$ はこれら 3 個のベクトルの和になっている．$\dfrac{3\sqrt{14}}{7}\boldsymbol{v}_1$ を $\boldsymbol{u}$ の $\boldsymbol{v}_1$ への**射影** (projection) と呼ぶ．$\dfrac{6\sqrt{5}}{5}\boldsymbol{v}_2$ は $\boldsymbol{u}$ の $\boldsymbol{v}_2$ への射影，$\dfrac{6\sqrt{5}}{5}\boldsymbol{v}_3$ は $\boldsymbol{u}$ の $\boldsymbol{v}_3$ への射影である．

問題 3.2　$\mathbb{R}^3$ のベクトル

$$\boldsymbol{v}_1 = c_1\begin{bmatrix} 3 \\ 4 \\ 0 \end{bmatrix}, \quad \boldsymbol{v}_2 = c_2\begin{bmatrix} -1 \\ -2 \\ 1 \end{bmatrix}, \quad \boldsymbol{v}_3 = c_3\begin{bmatrix} 4 \\ -3 \\ -2 \end{bmatrix}$$

（c_1，c_2，c_3 は正の実数）について，以下の問いに答えよ．

(1)　3 つのベクトル $\boldsymbol{v}_1$，$\boldsymbol{v}_2$，$\boldsymbol{v}_3$ からどの 2 つを選んでも，直交していることを示せ．

(2)　$\{\boldsymbol{v}_1, \boldsymbol{v}_2, \boldsymbol{v}_3\}$ が $\mathbb{R}^3$ の正規直交基底となるように c_1，c_2，c_3 の値を定めよ．

(3)　$\boldsymbol{u} = \begin{bmatrix} 5 \\ -1 \\ 4 \end{bmatrix}$ を $\boldsymbol{v}_1$，$\boldsymbol{v}_2$，$\boldsymbol{v}_3$ の 1 次結合で表せ．

3.2 直交関数系

ここでは，実ベクトル空間として，$C[-\pi,\pi]$，すなわち，閉区間 $[-\pi,\pi]$ で定義された実数値連続関数全体のなす環（和・差・積で閉じた体系を環（かん）という）を考察する．

$f,\ g\in C[-\pi,\pi]$ に対して，実数 (f,g) を

$$(f,g)=\int_{-\pi}^{\pi} f(x)g(x)\,dx \tag{3.5}$$

で定義する．次の定理により，(f,g) は内積になっている．

定理 3.3

(3.5) で定義された (f,g) は，$C[-\pi,\pi]$ において (I1), (I2), (I3), (I4) を満たしている．

【証明】 (I1) を証明する．まず，$f\in C[-\pi,\pi]$ に対して，

$$(f,f)=\int_{-\pi}^{\pi}\{f(x)\}^2\,dx\geq 0$$

である．次に，上の f について $(f,f)=0$ が成り立つと仮定する．もし，$f(x)$ が恒等的に 0 でないとすると，ある $a\in(-\pi,\pi)$ が存在して，$f(a)\neq 0$ を満たす．f は連続なので，ある実数 $\delta>0$ が存在して，

$$|f(x)|\geq\frac{|f(a)|}{2}\quad(a-\delta<x<a+\delta)$$

が成り立つ．したがって，

$$\begin{aligned}(f,f)&=\int_{-\pi}^{\pi}f(x)^2\,dx\geq\int_{a-\delta}^{a+\delta}\{f(x)\}^2\,dx\\&\geq\int_{a-\delta}^{a+\delta}\left\{\frac{|f(a)|}{2}\right\}^2\,dx\\&=\frac{\delta\{f(a)\}^2}{2}>0\end{aligned}$$

となり矛盾．よって，f は恒等的に 0 となり (I1) が示された．

(I2), (I3), (I4) は (3.5) および定積分の性質より明らかである．□

この定理より，(3.5) で定義された (f,g) は内積となるので，関数同士のなす角や直交性が 3.1 節で説明したベクトルの場合と同様に定義される．内積 (3.5) によるノルム

$$\|f\| = \sqrt{(f,f)} = \sqrt{\int_{-\pi}^{\pi} \{f(x)\}^2 \, dx} \tag{3.6}$$

を f の $[-\pi,\pi]$ における $\boldsymbol{L^2}$（エルツー）ノルムという．

$C[-\pi,\pi]$ に属する関数の系

$$\{f_0,\ f_1,\ f_2, \ldots,\ f_n, \ldots\}$$

が条件 $(f_i, f_j) = 0$ $(i \neq j)$ を満たすとき，$[-\pi,\pi]$ 上の**直交関数系** (orthogonal system) と呼び，さらに $\|f_i\| = 1$ $(i = 0,\ 1,\ 2, \ldots)$ を満たすとき，$[-\pi,\pi]$ 上の**正規直交関数系** (orthonormal system) と呼ぶ．正規直交関数系は正規直交基底に近い概念であり，定理 3.2 のような直交展開ができる可能性がある．それをこれから見ていく．

定理 3.4

$C[-\pi,\pi]$ に属する関数の系

$$\{1, \cos x, \cos 2x, \cos 3x, \ldots, \cos nx, \ldots, \sin x, \sin 2x, \sin 3x, \ldots, \sin nx, \ldots\}$$

は $[-\pi,\pi]$ 上の直交関数系である．

【証明】　この系に属する 2 つの関数を掛けて $[-\pi,\pi]$ 上で積分したとき，常に 0 になることをいえばよい．以下，n, m を正整数とする．

(1)　$(1, \cos nx) = \displaystyle\int_{-\pi}^{\pi} 1 \cdot \cos nx \, dx = \left[\frac{1}{n} \sin nx\right]_{-\pi}^{\pi} = 0$

(2)　$(1, \sin nx) = \displaystyle\int_{-\pi}^{\pi} 1 \cdot \sin nx \, dx = \left[-\frac{1}{n} \cos nx\right]_{-\pi}^{\pi} = 0$

(3)　積和公式

$$\sin\alpha \cos\beta = \frac{1}{2}\{\sin(\alpha+\beta) + \sin(\alpha-\beta)\}$$

より，$n \neq m$ のとき，

$$
\begin{aligned}
(\sin nx, \cos mx) &= \int_{-\pi}^{\pi} \sin nx \cos mx \, dx \\
&= \frac{1}{2} \int_{-\pi}^{\pi} \{\sin(n+m)x + \sin(n-m)x\} \, dx \\
&= \frac{1}{2} \left[-\frac{1}{n+m} \cos(n+m)x - \frac{1}{n-m} \cos(n-m)x \right]_{-\pi}^{\pi} = 0
\end{aligned}
$$

(4)　(3) で $n = m$ のとき，2 倍角の公式より，

$$
(\sin nx, \cos nx) = \int_{-\pi}^{\pi} \sin nx \cos nx \, dx = \frac{1}{2} \int_{-\pi}^{\pi} \sin 2nx \, dx = 0
$$

(5)　積和公式

$$
\cos\alpha \cos\beta = \frac{1}{2} \{\cos(\alpha+\beta) + \cos(\alpha-\beta)\}
$$

より，$n \neq m$ のとき，

$$
\begin{aligned}
(\cos nx, \cos mx) &= \int_{-\pi}^{\pi} \cos nx \cos mx \, dx \\
&= \frac{1}{2} \int_{-\pi}^{\pi} \{\cos(n+m)x + \cos(n-m)x\} \, dx \\
&= \frac{1}{2} \left[\frac{1}{n+m} \sin(n+m)x + \frac{1}{n-m} \sin(n-m)x \right]_{-\pi}^{\pi} = 0
\end{aligned}
$$

(6)　積和公式

$$
\sin\alpha \sin\beta = -\frac{1}{2} \{\cos(\alpha+\beta) - \cos(\alpha-\beta)\}
$$

より，$n \neq m$ のとき，

$$
\begin{aligned}
(\sin nx, \sin mx) &= \int_{-\pi}^{\pi} \sin nx \sin mx \, dx \\
&= -\frac{1}{2} \int_{-\pi}^{\pi} \{\cos(n+m)x - \cos(n-m)x\} \, dx \\
&= -\frac{1}{2} \left[\frac{1}{n+m} \sin(n+m)x - \frac{1}{n-m} \sin(n-m)x \right]_{-\pi}^{\pi} = 0
\end{aligned}
$$

以上より，直交関数系であることが示された．　□

次に，正規直交関数系を求めたい．直交関数系が得られたので，例題3.1(2)と同じように，それぞれの関数を自分のノルムで割ればよい．ノルムを計算すると，

$$\|1\|^2 = \int_{-\pi}^{\pi} 1^2\,dx = [x]_{-\pi}^{\pi} = 2\pi,$$

$$\begin{aligned}\|\cos nx\|^2 &= \int_{-\pi}^{\pi} \cos^2 nx\,dx \\ &= \int_{-\pi}^{\pi} \frac{1+\cos 2nx}{2}\,dx \quad \text{← 半角の公式より} \\ &= \left[\frac{x}{2} + \frac{\sin 2nx}{4n}\right]_{-\pi}^{\pi} = \pi,\end{aligned}$$

$$\begin{aligned}\|\sin nx\|^2 &= \int_{-\pi}^{\pi} \sin^2 nx\,dx \\ &= \int_{-\pi}^{\pi} \frac{1-\cos 2nx}{2}\,dx \quad \text{← 半角の公式より} \\ &= \left[\frac{x}{2} - \frac{\sin 2nx}{4n}\right]_{-\pi}^{\pi} = \pi\end{aligned}$$

したがって，

$$\|1\| = \sqrt{2\pi}, \quad \|\cos nx\| = \sqrt{\pi}, \quad \|\sin nx\| = \sqrt{\pi}$$

となる．以上より，次を得る．

定理 3.5

$C[-\pi,\pi]$ に属する関数の系

$$\left\{\frac{1}{\sqrt{2\pi}},\ \frac{1}{\sqrt{\pi}}\cos x,\ \frac{1}{\sqrt{\pi}}\cos 2x,\ \ldots,\ \frac{1}{\sqrt{\pi}}\cos nx, \ldots,\right.$$
$$\left.\frac{1}{\sqrt{\pi}}\sin x,\ \frac{1}{\sqrt{\pi}}\sin 2x,\ \ldots,\ \frac{1}{\sqrt{\pi}}\sin nx,\ \ldots\right\}$$

は $[-\pi,\pi]$ 上の正規直交関数系である．

3.3 フーリエ展開

定理 3.5 より，$C[-\pi,\pi]$ に属する任意の関数が定数関数, $\cos x$, $\sin x$, $\cos 2x$, $\sin 2x, \ldots$ の形の関数の和で書けることが期待される．それを論じる前に，考える関数の範囲を次のように拡張しておく．

$[-\pi,\pi]$ で定義された実数値関数 $f(x)$ について，不連続点の個数が有限個であり，不連続になる x の値を p_1, $p_2, \ldots$, p_k としたとき，これらの点における f の右側極限値 $\lim_{\varepsilon\to+0} f(p_j+\varepsilon)$ と左側極限値 $\lim_{\varepsilon\to+0} f(p_j-\varepsilon)$ がともに有限値として存在するとき（もし，$-\pi$ または π が不連続点のときは片側極限のみを考える），$f(x)$ は $[-\pi,\pi]$ 上**区分的に連続** (piecewise continuous) であるという．これらの有限個の不連続点における値 $f(p_j)$ はどんな値でもよく，定義されていなくてもかまわない（図 3.2）．$[-\pi,\pi]$ 上区分的に連続な関数は $[-\pi,\pi]$ 上で積分可能で，定積分の性質より，有限個の不連続点における値は定積分の値に影響を与えない．

$[-\pi,\pi]$ 上区分的に連続である 2 つの関数 f, g に対して，連続関数の場合と同様に内積 (f,g) を定義することは可能である．内積の性質 (I2), (I3), (I4) は明らかで，(I1) については条件を変えて，

(I1)′　$[-\pi,\pi]$ 上区分的に連続な関数 f について $(f,f)\geq 0$ であり，$(f,f)=0$ ならば $f(x)$ の値は有限個の x を除いて 0 に等しい．

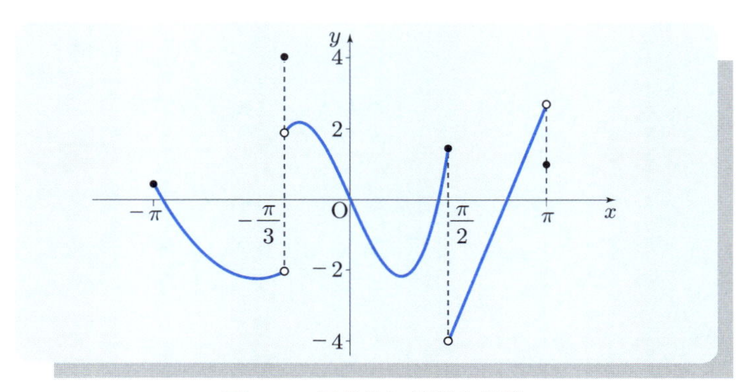

図 3.2　区分的に連続な関数

が成り立つ（→定理 3.6）．したがって，厳密な意味では (f, g) は内積になっていないが，有限個の点における値の違いを無視すれば，区分的に連続な関数の空間においても内積になる．

直交展開（定理 3.2）のように直交関数系を用いて関数を展開するには，正規直交基底に近い完全正規直交系が必要になる．$[-\pi, \pi]$ 上の正規直交関数系

$$\{g_0,\ g_1,\ g_2, \ldots,\ g_n, \ldots\}$$

が**完全正規直交系** (complete orthonormal system) であるとは，$f \in C[-\pi, \pi]$ に対して，

$$(f, g_i) = 0 \quad (i = 0,\ 1,\ 2, \ldots)$$

が成り立つならば，$f(x)$ が恒等的に 0 となることである．一般の内積空間についても同様にして完全正規直交系を定義する．

有限次元ベクトル空間の正規直交基底は完全正規直交系である．完全正規直交系でない例として，$\mathbb{R}^3$ の標準基底の一部分だけ選んだもの，例えば $\{\boldsymbol{e}_1,\ \boldsymbol{e}_2\}$ がある．$\boldsymbol{e}_1$，$\boldsymbol{e}_2$ の 1 次結合だけでは，$\mathbb{R}^3$ のすべてのベクトルを表現することはできない．すべてのベクトルを表現するには $\boldsymbol{e}_1$，$\boldsymbol{e}_2$ の両方と直交する $\boldsymbol{e}_3$ も必要になる．完全正規直交系は，属しているすべてのベクトルと直交するような単位ベクトルが存在しないような系である．定理 3.5 で得た正規直交関数系について，次が成り立つ（証明略）．

定理 3.6

f を $[-\pi, \pi]$ 上区分的に連続な関数とする．f が $[-\pi, \pi]$ 上の正規直交関数系

$$\left\{\frac{1}{\sqrt{2\pi}},\ \frac{1}{\sqrt{\pi}}\cos x,\ \frac{1}{\sqrt{\pi}}\cos 2x,\ \ldots,\ \frac{1}{\sqrt{\pi}}\cos nx, \ldots,\right.$$
$$\left.\frac{1}{\sqrt{\pi}}\sin x,\ \frac{1}{\sqrt{\pi}}\sin 2x,\ \ldots,\ \frac{1}{\sqrt{\pi}}\sin nx,\ \ldots\right\}$$

に属するどの関数とも直交する（内積が 0）とき，$f(x)$ は有限個の点を除いて 0 に等しい．特に $f \in C[-\pi, \pi]$ が同じ条件を満たすとき，$f(x)$ は恒等的に 0 に等しい．

この定理より，定理 3.5 の正規直交関数系は完全正規直交系である．そこで，$[-\pi, \pi]$ 上区分的に連続な関数 f に対して，

$$
\begin{aligned}
f(x) \sim &\left(f, \frac{1}{\sqrt{2\pi}}\right)\frac{1}{\sqrt{2\pi}} \\
&+\left(f, \frac{1}{\sqrt{\pi}}\cos x\right)\frac{1}{\sqrt{\pi}}\cos x + \left(f, \frac{1}{\sqrt{\pi}}\cos 2x\right)\frac{1}{\sqrt{\pi}}\cos 2x + \cdots \\
&+\left(f, \frac{1}{\sqrt{\pi}}\sin x\right)\frac{1}{\sqrt{\pi}}\sin x + \left(f, \frac{1}{\sqrt{\pi}}\sin 2x\right)\frac{1}{\sqrt{\pi}}\sin 2x + \cdots
\end{aligned}
\tag{3.7}
$$

という直交展開を考えてみよう．各項を積分を使って表すと，

$$
\begin{aligned}
\left(f, \frac{1}{\sqrt{2\pi}}\right)\frac{1}{\sqrt{2\pi}} &= \int_{-\pi}^{\pi} f(x)\frac{1}{\sqrt{2\pi}}\,dx \cdot \frac{1}{\sqrt{2\pi}} \\
&= \frac{1}{2\pi}\int_{-\pi}^{\pi} f(x)\,dx
\end{aligned}
$$

$n = 1,\ 2, \ldots$ に対して，

$$
\begin{aligned}
\left(f, \frac{1}{\sqrt{\pi}}\cos nx\right)\frac{1}{\sqrt{\pi}}\cos nx &= \frac{1}{\pi}\left(\int_{-\pi}^{\pi} f(x)\cos nx\,dx\right)\cos nx, \\
\left(f, \frac{1}{\sqrt{\pi}}\sin nx\right)\frac{1}{\sqrt{\pi}}\sin nx &= \frac{1}{\pi}\left(\int_{-\pi}^{\pi} f(x)\sin nx\,dx\right)\sin nx
\end{aligned}
$$

となる．次のように数列 $\{a_n\}$, $\{b_n\}$ を定義する．

$$
\begin{cases}
a_0 = \dfrac{1}{\pi}\displaystyle\int_{-\pi}^{\pi} f(x)\,dx \\
a_n = \dfrac{1}{\pi}\displaystyle\int_{-\pi}^{\pi} f(x)\cos nx\,dx \quad (n = 1,\ 2, \ldots) \\
b_n = \dfrac{1}{\pi}\displaystyle\int_{-\pi}^{\pi} f(x)\sin nx\,dx \quad (n = 1,\ 2, \ldots)
\end{cases}
\tag{3.8}
$$

このとき (3.7) は次のように表される．

$$
f(x) \sim \frac{a_0}{2} + \sum_{n=1}^{\infty}(a_n\cos nx + b_n\sin nx) \tag{3.9}
$$

$$= \frac{a_0}{2} + a_1 \cos x + a_2 \cos 2x + \cdots + a_n \cos nx + \cdots$$
$$+ b_1 \sin x + b_2 \sin 2x + \cdots + b_n \sin nx + \cdots \qquad (3.10)$$

積分 (3.8) により (3.9), (3.10) のように変形することを $f(x)$ を**フーリエ展開** (Fourier expansion) するといい，(3.9), (3.10) の右辺を $f(x)$ の**フーリエ級数** (Fourier series) という．また，a_0, a_n, b_n（$n = 1,\ 2, \ldots$）を $f(x)$ の**フーリエ係数** (Fourier coefficient) という．(3.9) で等号を使わず $\sim$ を用いているのは，完全に等しいという保証がないからである（定理 3.2 の直交展開は有限次元の内積空間について成り立つ等式であり，$C[-\pi, \pi]$ のような無限次元の関数空間については何も言っていない）．しかし，多くの場合，(3.9) の両辺は「ほぼ等しい」関係になる（→定理 3.7）．

例題 3.2（フーリエ展開）

次の $[-\pi, \pi]$ 上定義された関数をフーリエ展開せよ．

(1) $f(x) = \begin{cases} -1 & (-\pi \leq x \leq 0) \\ 3 & (0 < x \leq \pi) \end{cases}$　　(2) $g(x) = \begin{cases} 0 & (-\pi \leq x \leq 0) \\ x & (0 < x \leq \pi) \end{cases}$

解答　(1)　フーリエ係数 (3.8) を計算する．

$$\begin{aligned} a_0 &= \frac{1}{\pi} \int_{-\pi}^{\pi} f(x)\, dx \\ &= \frac{1}{\pi} \left(\int_{-\pi}^{0} (-1)\, dx + \int_{0}^{\pi} 3\, dx \right) \\ &= 2, \end{aligned}$$

$$\begin{aligned} a_n &= \frac{1}{\pi} \int_{-\pi}^{\pi} f(x) \cos nx\, dx \\ &= \frac{1}{\pi} \left(\int_{-\pi}^{0} (-\cos nx)\, dx + \int_{0}^{\pi} 3 \cos nx\, dx \right) \\ &= \frac{1}{\pi} \left(\left[-\frac{1}{n} \sin nx \right]_{-\pi}^{0} + \left[\frac{3}{n} \sin nx \right]_{0}^{\pi} \right) \\ &= 0 \quad (n = 1,\ 2, \ldots), \end{aligned}$$

$$b_n = \frac{1}{\pi} \int_{-\pi}^{\pi} f(x) \sin nx\, dx$$

$$
\begin{aligned}
&= \frac{1}{\pi}\left(\int_{-\pi}^{0}(-\sin nx)\,dx + \int_{0}^{\pi} 3\sin nx\,dx\right)\\
&= \frac{1}{\pi}\left(\left[\frac{1}{n}\cos nx\right]_{-\pi}^{0} + \left[-\frac{3}{n}\cos nx\right]_{0}^{\pi}\right)\\
&= \frac{1}{\pi n}\{(\cos 0 - \cos(-n\pi)) - 3(\cos n\pi - \cos 0)\}\\
&= \frac{4\{1-(-1)^n\}}{\pi n} \quad (n = 1,\ 2, \ldots)
\end{aligned}
$$

以上より，$f(x)$ のフーリエ級数は，

$$
\begin{aligned}
f(x) &\sim 1 + \frac{4}{\pi}\sum_{n=1}^{\infty}\frac{1-(-1)^n}{n}\sin nx\\
&= 1 + \frac{8}{\pi}\left(\sin x + \frac{1}{3}\sin 3x + \cdots + \frac{1}{2n-1}\sin(2n-1)x + \cdots\right)
\end{aligned}
$$

となる．

(2)　(1) と同様にフーリエ係数を計算する．a_n, b_n の計算には部分積分を用いる．

$$
\begin{aligned}
a_0 &= \frac{1}{\pi}\int_{-\pi}^{\pi} g(x)\,dx\\
&= \frac{1}{\pi}\int_{0}^{\pi} x\,dx\\
&= \frac{\pi}{2},
\end{aligned}
$$

$$
\begin{aligned}
a_n &= \frac{1}{\pi}\int_{0}^{\pi} x\cos nx\,dx\\
&= \frac{1}{\pi}\left(\left[\frac{1}{n}x\sin nx\right]_{0}^{\pi} - \int_{0}^{\pi}\frac{1}{n}\sin nx\,dx\right)\\
&= \frac{1}{\pi}\left(0 - \left[-\frac{1}{n^2}\cos nx\right]_{0}^{\pi}\right)\\
&= \frac{(-1)^n - 1}{\pi n^2} \quad (n = 1,\ 2, \ldots),
\end{aligned}
$$

$$
b_n = \frac{1}{\pi}\int_{0}^{\pi} x\sin nx\,dx
$$

$$= \frac{1}{\pi}\left(\left[-\frac{1}{n}x\cos nx\right]_0^{\pi} + \int_0^{\pi}\frac{1}{n}\cos nx\,dx\right)$$
$$= \frac{1}{\pi}\left(-\frac{\pi}{n}\cos n\pi + \left[\frac{1}{n^2}\sin nx\right]_0^{\pi}\right)$$
$$= \frac{(-1)^{n+1}}{n} \quad (n = 1,\ 2, \ldots)$$

以上より，$g(x)$ のフーリエ級数は，

$$g(x) \sim \frac{\pi}{4} + \sum_{n=1}^{\infty}\left\{\frac{(-1)^n - 1}{\pi n^2}\cos nx + \frac{(-1)^{n+1}}{n}\sin nx\right\}$$
$$= \frac{\pi}{4} - \frac{2}{\pi}\left(\cos x + \frac{1}{3^2}\cos 3x + \cdots + \frac{1}{(2n-1)^2}\cos(2n-1)x + \cdots\right)$$
$$+ \sin x - \frac{1}{2}\sin 2x + \frac{1}{3}\sin 3x - \cdots + \frac{(-1)^{n+1}}{n}\sin nx + \cdots$$
□

(1) の計算において，π の整数倍における sin, cos の値

$$\sin n\pi = 0, \quad \cos n\pi = (-1)^n \quad (n \text{ は整数})$$

および性質 $\cos(-\theta) = \cos\theta$ を用いている．また，フーリエ級数を表すときに，a_0 を 2 で割ることを忘れがちなので特に注意を要する．フーリエ級数を $\sum$ 記号を用いて表すときに，各項に共通の n に無関係な係数（(1) の場合 4 と $\frac{1}{\pi}$）はまとめて $\sum$ 記号の外に出すようにする．

問題 3.3　次の $[-\pi, \pi]$ 上定義された関数をフーリエ展開せよ．

(1)　$f(x) = \begin{cases} 1 & (-\pi \leq x \leq 0) \\ -2 & (0 < x \leq \pi) \end{cases}$　　(2)　$g(x) = \begin{cases} x - 2 & (-\pi \leq x \leq 0) \\ 0 & (0 < x \leq \pi) \end{cases}$

次に，フーリエ級数と元の関数を比較する．f を $[-\pi, \pi]$ 上区分的に連続な関数，$\widetilde{f}(x)$ を $f(x)$ のフーリエ級数とする．$\widetilde{f}(x)$ は定数関数，$\cos nx$，$\sin nx$ から成り立っているので，もし収束するならば，それは $(-\infty, \infty)$ 上定義された周期 2π の周期関数である．比較のために，$f(x)$ も周期 2π の周期関数に拡張しておく．ただし，$f(-\pi) \neq f(\pi)$ のときは周期 2π にならないので，拡張する前に $f(-\pi)$ の値を $f(\pi)$ に変更しておく．このとき，次のことが知られ

ている．なお，$[-\pi,\pi]$ 上**区分的になめらかな** (piecewise smooth) 関数とは，有限個の点を除いて微分可能であり，その導関数が $[-\pi,\pi]$ 上区分的に連続なことをいう．

定理 3.7

f を $[-\pi,\pi]$ 上区分的になめらかな関数とする．このとき，$f(x)$ を周期 2π に拡張した関数とそのフーリエ級数 $\widetilde{f}(x)$ を比較すると，

(1)　$x=a$ で $f(x)$ が連続のとき，$\widetilde{f}(a)$ は収束して，$\widetilde{f}(a)=f(a)$ が成り立つ．

(2)　$x=a$ で $f(x)$ が不連続のとき，$\widetilde{f}(a)$ は収束して，

$$\widetilde{f}(a)=\frac{f(a-0)+f(a+0)}{2}$$

が成り立つ．ここで，$f(a-0)$ は $f(x)$ の $x=a$ における左側極限値，$f(a+0)$ は $f(x)$ の $x=a$ における右側極限値を表す．

この定理で注意すべきなのは (2) の場合で，不連続点 a におけるフーリエ級数の値 $\widetilde{f}(a)$ は左右極限値の平均値になっており，元の関数の $x=a$ における値 $f(a)$ とは無関係であるということである．

例題 3.3（フーリエ級数の値）

関数 $f(x)=\begin{cases} -1 & (-\pi\le x\le 0) \\ 3 & (0<x\le\pi) \end{cases}$ のフーリエ級数が

$$\widetilde{f}(x)=1+\frac{8}{\pi}\left(\sin x+\frac{1}{3}\sin 3x+\cdots+\frac{1}{2n-1}\sin(2n-1)x+\cdots\right)$$

であることを用いて，以下の問いに答えよ．

(1)　$x=0$ におけるフーリエ級数の値 $\widetilde{f}(0)$ と関数 f の左右極限値の平均 $\dfrac{f(-0)+f(+0)}{2}$ を比較せよ．また，$x=\pi, x=-\pi$ においても同様の比較をせよ．

(2)　級数 $1-\dfrac{1}{3}+\dfrac{1}{5}-\dfrac{1}{7}+\cdots+(-1)^{n+1}\dfrac{1}{2n-1}+\cdots$ の値を求めよ．

解答　(1)　$\widetilde{f}(x)$ の式に $x=0$ を代入して，

$$\widetilde{f}(0)=1+\frac{8}{\pi}\left(\sin 0+\frac{1}{3}\sin 0+\cdots+\frac{1}{2n-1}\sin 0+\cdots\right)=1$$

である．次に $f(x)$ の $x=0$ における左右極限値を求める．$0<x<\pi$ において $f(x)=3$ であるから，$x\to+0$ として $f(+0)=3$ となる．また，$-\pi<x<0$ において $f(x)=-1$ であるから，$x\to-0$（x を負の値のまま 0 に近づける）とすると $f(-0)=-1$ を得る．したがって，左右極限値の平均は

$$\frac{f(-0)+f(+0)}{2}=\frac{-1+3}{2}=1$$

となり，$\widetilde{f}(0)$ と一致する．

次に，$x=\pi$ のときの値を比較する．$\widetilde{f}(x)$ の式に $x=\pi$ を代入して，

$$\widetilde{f}(\pi)=1+\frac{8}{\pi}\left(\sin\pi+\frac{1}{3}\sin 3\pi+\cdots+\frac{1}{2n-1}\sin(2n-1)\pi+\cdots\right)=1$$

となる．f を周期 2π の関数に拡張すると，$f(x)=-1$（$\pi<x<2\pi$）であるので，$x\to\pi+0$ として，$f(\pi+0)=-1$ である．また，$x\to\pi-0$ として，$f(\pi-0)=3$ である．よって，

$$\frac{f(\pi-0)+f(\pi+0)}{2}=\frac{3+(-1)}{2}=1$$

となり，$\widetilde{f}(\pi)$ と一致する．$x=-\pi$ の場合も同様に

$$\widetilde{f}(-\pi)=\frac{f(-\pi-0)+f(-\pi+0)}{2}=1$$

である（図 3.3）．

(2)　$\widetilde{f}(x)$ の式に $x=\dfrac{\pi}{2}$ を代入すると，

$$\begin{aligned}\widetilde{f}\left(\frac{\pi}{2}\right)&=1+\frac{8}{\pi}\left(\sin\frac{\pi}{2}+\frac{1}{3}\sin\frac{3\pi}{2}+\cdots+\frac{1}{2n-1}\sin\frac{(2n-1)\pi}{2}+\cdots\right)\\&=1+\frac{8}{\pi}\left(1-\frac{1}{3}+\frac{1}{5}-\frac{1}{7}+\cdots+(-1)^{n+1}\frac{1}{2n-1}+\cdots\right)\end{aligned}$$

となる．$f(x)$ は $x=\dfrac{\pi}{2}$ で連続なので，$\widetilde{f}\left(\dfrac{\pi}{2}\right)=f\left(\dfrac{\pi}{2}\right)=3$ であるから，

$$3=1+\frac{8}{\pi}\left(1-\frac{1}{3}+\frac{1}{5}-\frac{1}{7}+\cdots+(-1)^{n+1}\frac{1}{2n-1}+\cdots\right)$$

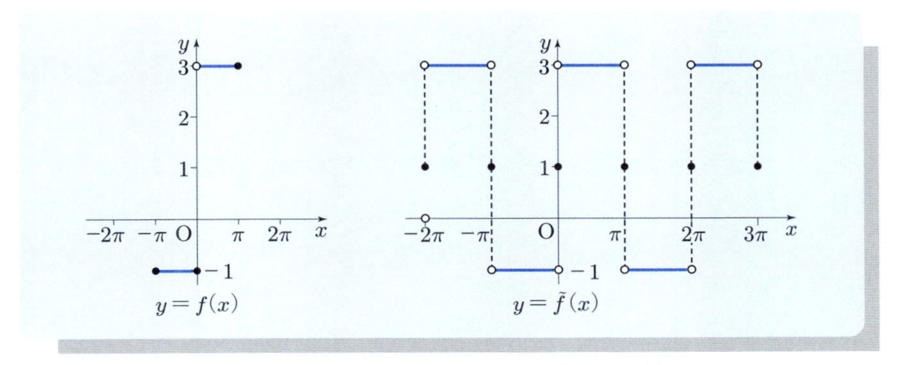

図 3.3　関数とそのフーリエ級数との比較

この式を変形して，

$$1-\frac{1}{3}+\frac{1}{5}-\frac{1}{7}+\cdots+(-1)^{n+1}\frac{1}{2n-1}+\cdots=\frac{\pi}{4}$$

となる．□

問題 3.4　関数 $g(x)=x$ $(-\pi \leq x \leq \pi)$ のフーリエ級数が

$$\widetilde{g}(x)=2\left(\sin x-\frac{1}{2}\sin 2x+\frac{1}{3}\sin 3x-\cdots+\frac{(-1)^{n+1}}{n}\sin nx+\cdots\right)$$

であることを用いて，$x=\pi$, $x=-\pi$ のそれぞれにおけるフーリエ級数の値と関数 g の左右極限値の平均を比較せよ．

問題 3.5　関数 $h(x)=x^2$ $(-\pi \leq x \leq \pi)$ のフーリエ級数が

$$\widetilde{h}(x)=\frac{\pi^2}{3}-4\left(\cos x-\frac{1}{2^2}\cos 2x+\frac{1}{3^2}\cos 3x-\cdots+\frac{(-1)^{n+1}}{n^2}\cos nx+\cdots\right)$$

であることを用いて，級数

$$1-\frac{1}{2^2}+\frac{1}{3^2}-\frac{1}{4^2}+\cdots+\frac{(-1)^{n+1}}{n^2}+\cdots$$

の値を求めよ．

例題 3.3 の関数 $f(x)$ について，フーリエ級数の第 n 部分和

$$S_n(x) = 1 + \frac{8}{\pi}\sum_{k=1}^{n}\frac{1}{2k-1}\sin(2k-1)x$$

を考えてみよう．$S_n(x)$ は有限個の連続関数の和なので連続である．フーリエ級数 $\widetilde{f}(x)$ は収束するので，n を大きくすれば $y = S_n(x)$ のグラフは図 3.3 の $y = \widetilde{f}(x)$ のグラフに近づくはずである．実際に $n = 10$, 100, 1000 のときのグラフを描くと図 3.4 のようになる．

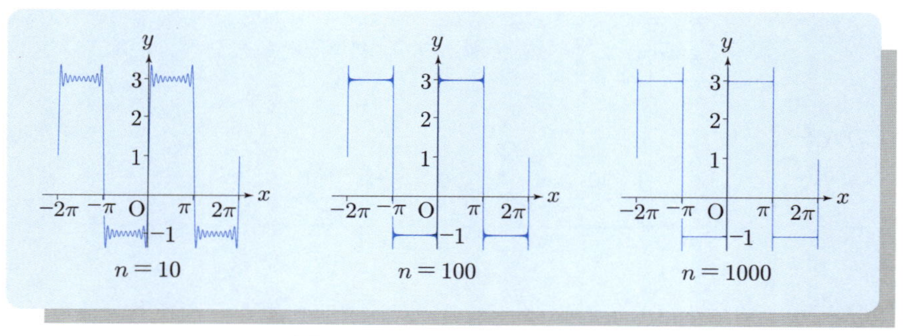

図 **3.4**　$y = S_n(x)$ のグラフ

このように，不連続点の近くにおいてグラフの形が元の関数の最大値・最小値からはみ出てしまっている．このはみ出しの高さは，n をいくら大きくしてもほぼ一定で消えることはない．このような現象を**ギブス現象** (Gibbs' phenomenon) という．一方，周期 2π の区分的になめらかな関数については，このような不自然なはみ出しは起こらない．

3.4 偶関数・奇関数のフーリエ展開

原点対称な区間 $[-a,a]$ で定義された関数 $f(x)$ が

$$f(-x)=f(x), \quad x\in[-a,a]$$

を満たすとき f を**偶関数** (even function),

$$f(-x)=-f(x), \quad x\in[-a,a]$$

を満たすとき f を**奇関数** (odd function) という．偶関数の例としては，

$$1,\ x^2,\ x^4,\ x^6,\ldots,\ |x|,\ \cos ax,\ \cosh x=\frac{e^x+e^{-x}}{2}$$

などがあり，奇関数の例としては，

$$x,\ x^3,\ x^5,\ldots,\ \sin ax,\ \sinh x=\frac{e^x-e^{-x}}{2}$$

などがある．

偶関数または奇関数である 2 つの関数の和・積を作ったとき，次の法則が成り立つ．

$$(\text{偶})+(\text{偶})=(\text{偶}), \quad (\text{奇})+(\text{奇})=(\text{奇}),$$
$$(\text{偶})\times(\text{偶})=(\text{偶}), \quad (\text{奇})\times(\text{奇})=(\text{偶}), \quad (\text{奇})\times(\text{偶})=(\text{奇})$$

$[-a,a]$ 上可積分な偶関数 f について，置換積分 $t=-x$ を行うことにより，

$$\int_{-a}^{0} f(x)\,dx=\int_{0}^{a} f(x)\,dx$$

となるので，

$$f\ \text{が偶関数のとき}\ \int_{-a}^{a} f(x)\,dx=2\int_{0}^{a} f(x)\,dx \tag{3.11}$$

が成り立つ．また，$[-a,a]$ 上可積分な奇関数 f については同様にして

$$\int_{-a}^{0} f(x)\,dx=-\int_{0}^{a} f(x)\,dx$$

となるので，

$$f\ \text{が奇関数のとき}\ \int_{-a}^{a} f(x)\,dx=0 \tag{3.12}$$

が成り立つ．(3.11), (3.12) は積分計算の労力を減らすのに役立つ．

例題 3.4（偶関数・奇関数の定積分）

次の定積分を計算せよ．

$$\int_{-2}^{2} (x^4 - 5x^3 + 3x^2 - 6x + 9)\,dx$$

解答 偶関数の項に (3.11) を用い，奇関数の項を (3.12) により無視すると，

$$\begin{aligned}
&\int_{-2}^{2} (x^4 - 5x^3 + 3x^2 - 6x + 9)\,dx \\
&= 2\int_{0}^{2} (x^4 + 3x^2 + 9)\,dx \\
&= 2\left[\frac{1}{5}x^5 + x^3 + 9x\right]_0^2 \\
&= \frac{324}{5}
\end{aligned}$$

□

問題 3.6 定積分 $\displaystyle\int_{-3}^{3} (4x^5 + 3x^4 - 2x^3 + 6x^2 + 5x - 2)\,dx$ を計算せよ．

次に，偶関数・奇関数のフーリエ級数を考察する．まず，$[-\pi, \pi]$ 上可積分な偶関数 f についてフーリエ係数を求めると，(3.11), (3.12) より，

$$\begin{aligned}
a_0 &= \frac{1}{\pi}\int_{-\pi}^{\pi} f(x)\,dx \\
&= \frac{2}{\pi}\int_{0}^{\pi} f(x)\,dx, \\
a_n &= \frac{1}{\pi}\int_{-\pi}^{\pi} f(x)\cos nx\,dx \\
&= \frac{2}{\pi}\int_{0}^{\pi} f(x)\cos nx\,dx \quad (n = 1,\ 2, \ldots), \\
b_n &= \frac{1}{\pi}\int_{-\pi}^{\pi} f(x)\sin nx\,dx \\
&= 0 \quad (n = 1,\ 2, \ldots)
\end{aligned}$$

となる．すなわち，偶関数のフーリエ級数は

$$f(x) \sim \frac{a_0}{2} + \sum_{n=1}^{\infty} a_n \cos nx \tag{3.13}$$
$$= \frac{a_0}{2} + a_1 \cos x + a_2 \cos 2x + \cdots + a_n \cos nx + \cdots$$

の形になる．(3.13) の形の級数を**フーリエ余弦級数**という．

一方，$[-\pi, \pi]$ 上可積分な奇関数 f についてフーリエ係数を求めると，

$$a_0 = \frac{1}{\pi}\int_{-\pi}^{\pi} f(x)\,dx$$
$$= 0,$$
$$a_n = \frac{1}{\pi}\int_{-\pi}^{\pi} f(x)\cos nx\,dx$$
$$= 0 \quad (n = 1,\ 2, \ldots),$$
$$b_n = \frac{1}{\pi}\int_{-\pi}^{\pi} f(x)\sin nx\,dx$$
$$= \frac{2}{\pi}\int_{0}^{\pi} f(x)\sin nx\,dx \quad (n = 1,\ 2, \ldots)$$

となる．すなわち，奇関数のフーリエ級数は

$$f(x) \sim \sum_{n=1}^{\infty} b_n \sin nx \tag{3.14}$$
$$= b_1 \sin x + b_2 \sin 2x + \cdots + b_n \sin nx + \cdots$$

の形になる．(3.14) の形の級数を**フーリエ正弦級数**という．フーリエ正弦級数には定数項がないので注意を要する．

例題 3.5（フーリエ余弦級数・正弦級数）

次の $[-\pi, \pi]$ 上定義された関数をフーリエ展開せよ．

(1)　$f(x) = |x|$　　(2)　$g(x) = \begin{cases} x+1 & (-\pi \leq x < 0) \\ x-1 & (0 \leq x \leq \pi) \end{cases}$

解答　(1)　f は偶関数なので，a_0，a_n のみ計算すればよい．$x > 0$ のとき $f(x) = x$ なので，

$$a_0 = \frac{2}{\pi}\int_0^{\pi} x\,dx = \pi,$$

$$
\begin{aligned}
a_n &= \frac{2}{\pi}\int_0^{\pi} x\cos nx\,dx \\
&= \frac{2}{\pi}\left(\left[\frac{1}{n}x\sin nx\right]_0^{\pi} - \int_0^{\pi}\frac{1}{n}\sin nx\,dx\right) \\
&= \frac{1}{\pi}\left(0 - \left[-\frac{1}{n^2}\cos nx\right]_0^{\pi}\right) = \frac{(-1)^n - 1}{\pi n^2} \quad (n = 1,\ 2, \ldots)
\end{aligned}
$$

となる．求めるフーリエ級数は

$$
\begin{aligned}
f(x) &\sim \frac{\pi}{2} + \sum_{n=1}^{\infty}\frac{(-1)^n - 1}{\pi n^2}\cos nx \\
&= \frac{\pi}{2} - \frac{2}{\pi}\left(\cos x + \frac{1}{3^2}\cos 3x + \frac{1}{5^2}\cos 5x + \cdots\right)
\end{aligned}
$$

(2) $0 < x < \pi$ のとき，$0 > -x > -\pi$ であり，

$$
g(-x) = -x - 1 = -(x+1) = -g(x)
$$

であるので g は奇関数である（$x = 0$ における値は無視できる）．よって，b_n のみ計算すればよい．$0 < x < \pi$ のとき $g(x) = x - 1$ なので，

$$
\begin{aligned}
b_n &= \frac{2}{\pi}\int_0^{\pi}(x-1)\sin nx\,dx \\
&= \frac{2}{\pi}\left\{\left[-\frac{1}{n}(x-1)\cos nx\right]_0^{\pi} - \int_0^{\pi}\left(-\frac{1}{n}\cos nx\right)dx\right\} \\
&= \frac{2}{\pi}\left\{-\frac{(\pi-1)\{(-1)^n+1\}}{n} + \left[\frac{1}{n^2}\sin nx\right]_0^{\pi}\right\} \\
&= -\frac{2(\pi-1)\{(-1)^n+1\}}{\pi n} \quad (n = 1,\ 2, \ldots)
\end{aligned}
$$

となる．求めるフーリエ級数は

$$
g(x) \sim -\frac{2}{\pi}\sum_{n=1}^{\infty}\frac{(\pi-1)\{(-1)^n+1\}}{n}\sin nx
$$

□

問題 3.7 次の $[-\pi, \pi]$ 上定義された関数をフーリエ展開せよ．

(1) $f(x) = 4|x| - 5$ (2) $g(x) = \begin{cases} 3 - 2x & (-\pi \leq x < 0) \\ -3 - 2x & (0 \leq x \leq \pi) \end{cases}$

3.5 パーセバルの等式

直交展開（定理 3.2）において，内積空間のベクトルのノルムは正規直交基底で展開したときの係数の 2 乗和により表せることを学んだ．同様のことが，完全正規直交系を使ってできるかどうか考えてみる．f を $[-\pi,\pi]$ で区分的に連続な関数としたとき，直交展開 (3.7) における係数 $\left(f,\dfrac{1}{\sqrt{2\pi}}\right)$，$\left(f,\dfrac{1}{\sqrt{\pi}}\cos nx\right)$，$\left(f,\dfrac{1}{\sqrt{\pi}}\sin nx\right)$ をフーリエ係数 a_0，a_n，b_n を使って表すと，

$$\begin{aligned}
\left(f,\frac{1}{\sqrt{2\pi}}\right) &= \frac{1}{\sqrt{2\pi}}\int_{-\pi}^{\pi} f(x)\,dx \\
&= \sqrt{\frac{\pi}{2}}\,a_0, \\
\left(f,\frac{1}{\sqrt{\pi}}\cos nx\right) &= \frac{1}{\sqrt{\pi}}\int_{-\pi}^{\pi} f(x)\cos nx\,dx \\
&= \sqrt{\pi}\,a_n \quad (n=1,\ 2,\ldots), \\
\left(f,\frac{1}{\sqrt{\pi}}\sin nx\right) &= \frac{1}{\sqrt{\pi}}\int_{-\pi}^{\pi} f(x)\sin nx\,dx \\
&= \sqrt{\pi}\,b_n \quad (n=1,\ 2,\ldots)
\end{aligned}$$

となるので，もし，f の L^2 ノルムが直交展開の係数の 2 乗和で表せるとすると，

$$\begin{aligned}
\|f\|^2 &= \left(\sqrt{\frac{\pi}{2}}\,a_0\right)^2 + \sum_{n=1}^{\infty}\left\{(\sqrt{\pi}\,a_n)^2 + (\sqrt{\pi}\,b_n)^2\right\} \\
&= \frac{\pi}{2}{a_0}^2 + \pi\sum_{n=1}^{\infty}({a_n}^2 + {b_n}^2)
\end{aligned}$$

が成り立つはずである．実際，次のことが知られている．

定理 3.8（パーセバルの等式）

f を $[-\pi, \pi]$ で区分的に連続な関数としたとき，f の L^2 ノルムについて

$$\frac{1}{\pi}\|f\|^2 = \frac{{a_0}^2}{2} + \sum_{n=1}^{\infty}({a_n}^2 + {b_n}^2)$$

が成り立つ．

例題 3.6（級数の値への応用）

関数 $f(x) = x$（$-\pi \leq x \leq \pi$）のフーリエ級数が

$$f(x) \sim 2\left(\sin x - \frac{1}{2}\sin 2x + \frac{1}{3}\sin 3x - \cdots + \frac{(-1)^{n+1}}{n}\sin nx + \cdots\right)$$

であることを用いて，級数

$$1 + \frac{1}{2^2} + \frac{1}{3^2} + \cdots + \frac{1}{n^2} + \cdots$$

の値を求めよ．

解答　f の L^2 ノルムの 2 乗は

$$\|f\|^2 = \int_{-\pi}^{\pi} x^2\,dx = \frac{2\pi^3}{3}$$

であり，f のフーリエ係数は $a_0 = 0$, $a_n = 0$, $b_n = \dfrac{2(-1)^{n+1}}{n}$ であるから
パーセバルの等式より，

$$\frac{1}{\pi}\frac{2\pi^3}{3} = \sum_{n=1}^{\infty}\frac{4}{n^2}$$

である．よって，求める級数の値は，

$$\sum_{n=1}^{\infty}\frac{1}{n^2} = \frac{\pi^2}{6}$$

である．□

問題 3.8　関数 $g(x) = x^2$（$-\pi \leq x \leq \pi$）のフーリエ級数が

$$g(x) \sim \frac{\pi^2}{3} - 4\left(\cos x - \frac{1}{2^2}\cos 2x + \frac{1}{3^2}\cos 3x - \cdots + \frac{(-1)^{n+1}}{n^2}\cos nx + \cdots\right)$$

であることを用いて，級数 $1 + \dfrac{1}{2^4} + \dfrac{1}{3^4} + \cdots + \dfrac{1}{n^4} + \cdots$ の値を求めよ．

3.6　周期 $2L$ の周期関数のフーリエ展開

この節では，L を正の実数として，区間 $[-L,L]$ で定義された関数，または周期 $2L$ の周期関数をフーリエ展開することを考えたい．区間 $[-L,L]$ で定義された 2 つの関数 f，g の内積 (f,g) を

$$(f,g)=\int_{-L}^{L} f(x)g(x)\,dx$$

とする．この内積に関する直交関数系として，次のものがある．

定理 3.9

周期 $2L$ の連続な周期関数の系

$$\left\{1,\ \cos\frac{\pi x}{L},\ \cos\frac{2\pi x}{L},\ \ldots,\ \cos\frac{n\pi x}{L},\ldots,\ \sin\frac{\pi x}{L},\ \sin\frac{2\pi x}{L},\ldots,\ \sin\frac{n\pi x}{L},\ \ldots\right\}$$

は $[-L,L]$ 上の直交関数系である．

証明は定理 3.4 と同様にやればよい．また，直交関数系に属する関数の L^2 ノルムを計算し，正規直交関数系を作ると，次が成り立つ．

定理 3.10

周期 $2L$ の連続な周期関数の系

$$\left\{\frac{1}{\sqrt{2L}},\ \frac{1}{\sqrt{L}}\cos\frac{\pi x}{L},\ \frac{1}{\sqrt{L}}\cos\frac{2\pi x}{L},\ \ldots,\ \frac{1}{\sqrt{L}}\cos\frac{n\pi x}{L},\ldots,\ \frac{1}{\sqrt{L}}\sin\frac{\pi x}{L},\ \frac{1}{\sqrt{L}}\sin\frac{2\pi x}{L},\ldots,\ \frac{1}{\sqrt{L}}\sin\frac{n\pi x}{L},\ \ldots\right\}$$

は $[-L,L]$ 上の完全正規直交系である．

f を $[-L,L]$ 上区分的に連続な関数とし，(3.9) と同様のフーリエ展開を考えたい．次のように数列 $\{a_n\}$，$\{b_n\}$ を定義する．

$$
\begin{cases}
a_0 = \dfrac{1}{L}\displaystyle\int_{-L}^{L} f(x)\,dx \\
a_n = \dfrac{1}{L}\displaystyle\int_{-L}^{L} f(x)\cos\dfrac{n\pi x}{L}\,dx \quad (n = 1,\ 2, \ldots) \\
b_n = \dfrac{1}{L}\displaystyle\int_{-L}^{L} f(x)\sin\dfrac{n\pi x}{L}\,dx \quad (n = 1,\ 2, \ldots)
\end{cases}
\tag{3.15}
$$

このとき，定理 3.10 で述べた完全正規直交系に関する f の直交展開は次のように表される．

$$
f(x) \sim \frac{a_0}{2} + \sum_{n=1}^{\infty}\left(a_n\cos\frac{n\pi x}{L} + b_n\sin\frac{n\pi x}{L}\right) \tag{3.16}
$$

$$
\begin{aligned}
&= \frac{a_0}{2} + a_1\cos\frac{2\pi x}{L} + a_2\cos\frac{\pi x}{L} + \cdots + a_n\cos\frac{n\pi x}{L} + \cdots \\
&\quad + b_1\sin\frac{\pi x}{L} + b_2\sin\frac{2\pi x}{L} + \cdots + b_n\sin\frac{n\pi x}{L} + \cdots
\end{aligned}
\tag{3.17}
$$

式 (3.16), (3.17) を f の $[-L, L]$ における**フーリエ級数**という．

次に，区間 $[0, L]$ で定義された区分的に連続な関数 f について，この区間でフーリエ展開することを考えたい．一般にフーリエ展開は $[-L, L]$ という原点対称な区間で行うので，f の定義を $[-L, L]$ 上に拡張する必要がある．その際，$[-L, L]$ 上の偶関数，または奇関数に拡張してフーリエ展開すれば，3.4 節で説明した項数の少ないフーリエ級数を得ることができて便利なので，次のような用語を用いる．

- f を $[-L, L]$ 上の偶関数に拡張してフーリエ展開した級数を f の**フーリエ余弦級数**と呼ぶ．
- f を $[-L, L]$ 上の奇関数に拡張してフーリエ展開した級数を f の**フーリエ正弦級数**と呼ぶ．

例題 3.7（偶関数・奇関数への拡張）

$[0, 2]$ で定義された関数 $f(x) = \cos^2 \pi x$ について，以下の問いに答えよ．

(1)　f のフーリエ余弦級数を求めよ．

(2)　f のフーリエ正弦級数を求めよ．

解答　(1)　半角の公式より，$\cos^2 \pi x = \dfrac{1+\cos 2\pi x}{2}$ なので，これはすでに $[-2,2]$ 上のフーリエ余弦級数の形である．よって，求める級数は

$$f(x) = \frac{1}{2}(1+\cos 2\pi x)$$

となる（$\cos^2 \pi x$ 自体が偶関数になっている）．

(2)　f を奇関数とみて，b_n を求めればよい．

$$\begin{aligned}
b_n &= \frac{1}{2}\int_{-2}^{2} f(x)\sin\frac{n\pi x}{2}\,dx = \int_0^2 \cos^2 \pi x \sin\frac{n\pi x}{2}\,dx \\
&= \frac{1}{2}\int_0^2 (1+\cos 2\pi x)\sin\frac{n\pi x}{2}\,dx \\
&= \frac{1}{2}\int_0^2 \left(\sin\frac{n\pi x}{2} + \sin\frac{n\pi x}{2}\cos 2\pi x\right) dx \\
&= \frac{1}{2}\int_0^2 \sin\frac{n\pi x}{2}\,dx + \frac{1}{4}\int_0^2 \left\{\sin\left(\frac{n}{2}+2\right)\pi x + \sin\left(\frac{n}{2}-2\right)\pi x\right\} dx \\
&= \frac{1}{2}\left[-\frac{2}{n\pi}\cos\frac{n\pi x}{2}\right]_0^2 + \frac{1}{4}\left[-\frac{2}{(n+4)\pi}\cos\frac{n\pi x}{2} - \frac{2}{(n-4)\pi}\cos\frac{n\pi x}{2}\right]_0^2
\end{aligned}$$

$n \neq 4$ とする

$$= \frac{1-(-1)^n}{n\pi} + \frac{1-(-1)^n}{2(n+4)\pi} + \frac{1-(-1)^n}{2(n-4)\pi} = \frac{2(n^2-8)\{1-(-1)^n\}}{(n^2-16)\pi}$$

また，$n=4$ のとき $b_4 = 0$ であり，他の偶数 $2n$ についても $b_{2n} = 0$ である．以上より，求めるフーリエ正弦級数は

$$\begin{aligned}
f(x) &\sim \frac{2}{\pi}\sum_{\substack{n=1 \\ n\neq 4}}^{\infty} \frac{(n^2-8)\{1-(-1)^n\}}{n(n^2-16)}\sin\frac{n\pi x}{2} \\
&= \frac{4}{\pi}\sum_{n=1}^{\infty} \frac{4n^2-4n-7}{(2n-5)(2n-1)(2n+3)}\sin\frac{(2n-1)\pi x}{2}
\end{aligned}$$

となる．　□

問題 3.9　$[0,3]$ で定義された関数 $g(x) = \sin^2 \pi x$ について，以下の問いに答えよ．

(1)　g のフーリエ余弦級数を求めよ．

(2)　g のフーリエ正弦級数を求めよ．

3.7 複素フーリエ級数

ここでは，区間 $[-\pi,\pi]$ で定義された区分的に連続な複素数値関数（すなわち，実部・虚部ともに区分的に連続な関数）のフーリエ展開を考察する．

$C_c[-\pi,\pi]$ で，区間 $[-\pi,\pi]$ で定義された複素数値連続関数全体のなす環を表す．$C_c[-\pi,\pi]$ は複素ベクトル空間でもある．f, $g \in C_c[-\pi,\pi]$ に対して，複素数 (f,g) を

$$(f,g) = \int_{-\pi}^{\pi} f(x)\overline{g(x)}\,dx \tag{3.18}$$

と定義すると，これは (I1), (I2)$'$, (I3)$'$, (I4) を満たす内積である（証明は定理 3.3 とほぼ同様である）．この内積に関して，次が成り立つ．

定理 3.11

$C_c[-\pi,\pi]$ に属する関数の系

$$\{\ldots,\ e^{-nix},\ldots,\ e^{-2ix},\ e^{-ix},\ 1,\ e^{ix},\ e^{2ix},\ldots,\ e^{nix},\ldots\}$$

は $[-\pi,\pi]$ 上の直交関数系である．

証明には，次の結果を用いる．

定理 3.12

整数 n に対して，

$$\int_{-\pi}^{\pi} e^{nix}\,dx = \begin{cases} 2\pi & (n=0) \\ 0 & (n \neq 0) \end{cases}$$

【証明】 オイラーの公式（→付録 B）より，$n \neq 0$ のとき，

$$\begin{aligned}\int_{-\pi}^{\pi} e^{nix}\,dx &= \int_{-\pi}^{\pi} (\cos nx + i\sin nx)\,dx \\ &= \left[\frac{1}{n}\sin nx - \frac{i}{n}\cos nx\right]_{-\pi}^{\pi} \\ &= 0\end{aligned}$$

となる．また，$n=0$ のとき，

$$\int_{-\pi}^{\pi} e^0\,dx = \int_{-\pi}^{\pi} 1\,dx = 2\pi$$

となる． □

【定理 3.11 の証明】　$n \neq m$ のとき，

$$\begin{aligned}(e^{nix}, e^{mix}) &= \int_{-\pi}^{\pi} e^{nix}\overline{e^{mix}}\,dx \\ &= \int_{-\pi}^{\pi} e^{(n-m)ix}\,dx \\ &= 0\end{aligned}$$

よって，直交関数系であることが示された． □

定理 3.12 より，e^{inx} の L^2 ノルムは $\sqrt{2\pi}$ であるから，次のことがいえる．

定理 3.13

$C_c[-\pi,\pi]$ に属する関数の系

$$\left\{\ldots,\ \frac{1}{\sqrt{2\pi}}e^{-nix},\ldots,\ \frac{1}{\sqrt{2\pi}}e^{-2ix},\ \frac{1}{\sqrt{2\pi}}e^{-ix},\right.$$
$$\left.\frac{1}{\sqrt{2\pi}},\ \frac{1}{\sqrt{2\pi}}e^{ix},\ \frac{1}{\sqrt{2\pi}}e^{2ix},\ldots,\ \frac{1}{\sqrt{2\pi}}e^{nix},\ldots\right\}$$

は $[-\pi,\pi]$ 上の完全正規直交系である．

完全であることは，フーリエ展開で用いる完全正規直交系との関係を見ることで分かる．$[-\pi,\pi]$ 上定義された区分的に連続な実数値関数 f のフーリエ係数を a_0，a_n，b_n とし，f と定理 3.13 の正規直交関数系に属する関数との内積を求めると，(3.18) より，

$$\begin{aligned}(f, e^{nix}) &= \int_{-\pi}^{\pi} f(x)\overline{e^{nix}}\,dx \\ &= \int_{-\pi}^{\pi} f(x)e^{-nix}\,dx \\ &= \int_{-\pi}^{\pi} f(x)(\cos nx - i\sin nx)\,dx\end{aligned}$$

となる．$n = 1,\ 2, \ldots$ に対して，

$$c_n = \frac{a_n - ib_n}{2}, \quad c_{-n} = \frac{a_n + ib_n}{2}, \quad c_0 = \frac{a_0}{2} \tag{3.19}$$

と定める．すると，フーリエ係数の定義より，

$$\begin{aligned} c_0 &= \frac{1}{2\pi}\int_{-\pi}^{\pi} f(x)\,dx \\ &= \frac{1}{2\pi}(f, 1), \\ c_n &= \frac{1}{2\pi}\int_{-\pi}^{\pi} f(x)(\cos nx - i\sin nx)\,dx \\ &= \frac{1}{2\pi}\int_{-\pi}^{\pi} f(x)e^{-nix}\,dx \\ &= \frac{1}{2\pi}(f, e^{nix}), \\ c_{-n} &= \frac{1}{2\pi}\int_{-\pi}^{\pi} f(x)(\cos nx + i\sin nx)\,dx \\ &= \frac{1}{2\pi}\int_{-\pi}^{\pi} f(x)e^{nix}\,dx \\ &= \frac{1}{2\pi}(f, e^{-nix}) \end{aligned}$$

が成り立っている．これは，$\{c_n\}$ が定理 3.11 で述べた直交関数系による直交展開で現れる係数であることを示している．そこで，$[-\pi, \pi]$ 上定義された区分的に連続な実数値関数 f に対して，

$$\begin{aligned} c_n &= \frac{1}{2\pi}(f, e^{nix}) \\ &= \frac{1}{2\pi}\int_{-\pi}^{\pi} f(x)e^{-nix}\,dx \quad (n = 0,\ \pm 1,\ \pm 2, \ldots) \end{aligned} \tag{3.20}$$

とおき，

$$\begin{aligned} f(x) &\sim \sum_{n=-\infty}^{\infty} c_n e^{nix} \\ &= \cdots + c_{-n}e^{-nix} + \cdots + c_{-1}e^{-ix} + c_0 + c_1 e^{ix} + \cdots + c_n e^{nix} + \cdots \end{aligned}$$

と表したものを f の**複素フーリエ級数** (complex Fourier series) といい，c_n を**複素フーリエ係数**という．c_n から通常のフーリエ係数を得るには，(3.19) より，

$$a_0 = 2c_0, \quad a_n = c_n + c_{-n}, \quad b_n = i(c_n - c_{-n}) \quad (n = 1,\ 2, \ldots)$$

とすればよい．すなわち，通常のフーリエ級数と複素フーリエ級数は互いに変換可能であるので，正規直交関数系の完全性が保たれる．

問題 3.10 定理 3.13 における完全性，すなわち，もし $f \in C_c[-\pi, \pi]$ が

$$(f, e^{ni\pi}) = 0 \qquad (n = 0,\ \pm 1,\ \pm 2, \ldots)$$

を満たすならば $f \equiv 0$ であることを示せ．

例題 3.8（複素フーリエ級数への変換）

関数 $f(x) = x^2\ (-\pi \leq x \leq \pi)$ のフーリエ級数が

$$f(x) \sim \frac{\pi^2}{3} - 4\left(\cos x - \frac{1}{2^2}\cos 2x + \frac{1}{3^2}\cos 3x - \cdots + \frac{(-1)^{n+1}}{n^2}\cos nx + \cdots\right)$$

であることを用いて，f の複素フーリエ級数を求めよ．

解答 定数項は変更の必要がなく，$n = 1,\ 2, \ldots$ に対して $a_n = \dfrac{4(-1)^n}{n^2}$，$b_n = 0$ であるから，

$$c_n = \frac{a_n - b_n}{2} = \frac{2(-1)^n}{n^2},$$
$$c_{-n} = \frac{a_n + b_n}{2} = \frac{2(-1)^n}{n^2}$$

となり，求める複素フーリエ級数は

$$f(x) \sim \frac{\pi^2}{3} + 2\sum_{\substack{n=-\infty \\ n \neq 0}}^{\infty} \frac{(-1)^n}{n^2} e^{nix}$$

となる． □

問題 3.11　関数 $g(x) = x$（$-\pi \leq x \leq \pi$）のフーリエ級数が

$$g(x) \sim 2\left(\sin x - \frac{1}{2}\sin 2x + \frac{1}{3}\sin 3x - \cdots + \frac{(-1)^{n+1}}{n}\sin nx + \cdots\right)$$

であることを用いて，g の複素フーリエ級数を求めよ．

区間 $[-L, L]$ については，複素フーリエ級数は次のようになる．

定理 3.14

$[-L, L]$ 上区分的に連続な関数 f の複素フーリエ級数は，

$$f(x) \sim \sum_{n=-\infty}^{\infty} c_n e^{ni\left(\frac{\pi}{L}\right)x} \tag{3.21}$$

となる．ここで，係数 c_n は

$$c_n = \frac{1}{2L}\int_{-L}^{L} f(x)e^{-ni\left(\frac{\pi}{L}\right)x}\,dx \quad (n = 0,\ \pm 1,\ \pm 2, \ldots) \tag{3.22}$$

で与えられる．

3.8 フーリエ変換

ここでは，周期的ではない $(-\infty,\infty)$ で定義された関数 f を考える．f の定義域を $[-L,L]$ に制限したときの複素フーリエ級数は (3.21) より

$$f(x) \sim \sum_{n=-\infty}^{\infty} c_n e^{ni\left(\frac{\pi}{L}\right)x}$$

の形であるが，右辺の c_n に (3.22) の積分変数を t に変えたものを代入して，

$$f(x) \sim \sum_{n=-\infty}^{\infty} \left(\frac{1}{2L} \int_{-L}^{L} f(t) e^{-ni\left(\frac{\pi}{L}\right)t}\, dt \right) e^{ni\left(\frac{\pi}{L}\right)x}$$

となる．ここで，$u_n = \dfrac{n\pi}{L}$，$\Delta u = \dfrac{\pi}{L}$ とおくと，

$$f(x) \sim \sum_{n=-\infty}^{\infty} \frac{1}{2\pi} \left(\Delta u \int_{-L}^{L} f(t) e^{-iu_n t}\, dt \right) e^{iu_n x}$$

となる．級数の和と積分の順序を交換すると，

$$f(x) \sim \frac{1}{2\pi} \int_{-L}^{L} \left\{ \sum_{n=-\infty}^{\infty} f(t) e^{iu_n(x-t)} \Delta u \right\} dt$$

ここで形式的に $L \to \infty$ とすると，$\Delta u \to 0$ になるので，**区分求積法**（図 3.5）より，

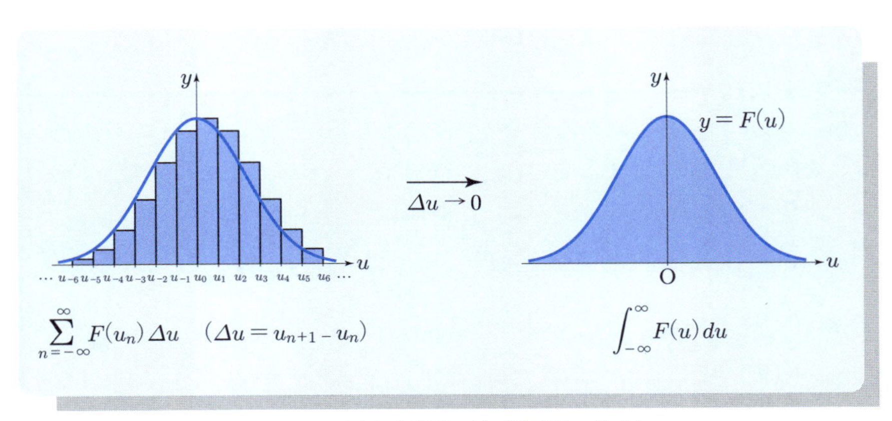

図 3.5　区分求積法（無限区間の場合）

$$f(x) \sim \frac{1}{2\pi}\int_{-\infty}^{\infty}\left\{\int_{-\infty}^{\infty} f(t)e^{iu(x-t)}\,du\right\}dt$$

となり，積分の順序を交換して，

$$f(x) \sim \frac{1}{2\pi}\int_{-\infty}^{\infty} e^{iux}\left\{\int_{-\infty}^{\infty} f(t)e^{-iut}\,dt\right\}du \tag{3.23}$$

(3.23) の右辺を $f(x)$ の**フーリエ積分** (Fourier integral) という．

(3.23) の中カッコの中身の積分を

$$(\mathcal{F}f)(u) = \hat{f}(u) = \int_{-\infty}^{\infty} f(t)e^{-iut}\,dt$$

と表し，$f(x)$ の**フーリエ変換** (Fourier transform) という．また，中カッコの外側の積分

$$(\mathcal{F}^{-1}\hat{f})(x) = \frac{1}{2\pi}\int_{-\infty}^{\infty}\hat{f}(u)e^{iux}\,dt$$

を $\hat{f}(u)$ の**フーリエ逆変換** (inverse Fourier transform) という．(3.23) によれば，関数 $f(x)$ をフーリエ変換して，その結果をフーリエ逆変換すれば，元の関数 $f(x)$ に戻るはずだが，実際はそうならないことが多々ある．なぜならば，e^{-iut} という関数は絶対値 1 なので，$f(x)$ が $(-\infty,\infty)$ 上可積分，すなわち

$$\int_{-\infty}^{\infty}|f(x)|\,dx < \infty$$

ならば $\hat{f}(u)$ は定義できるが，$\hat{f}(u)$ は $(-\infty,\infty)$ 上可積分とは限らず，フーリエ逆変換が定義できないことがあるからである．ここにフーリエ解析の理論の難しさがある．強い条件を仮定すれば，(3.23) が等号で成り立つ．

定理 3.15

$(-\infty,\infty)$ で定義された関数 $f(x)$ は，どの有限区間においても区分的になめらかであるとする．さらに，$f(x)$ は $(-\infty,\infty)$ 上可積分で，そのフーリエ変換 $\hat{f}(u)$ も $(-\infty,\infty)$ 上可積分と仮定する．このとき，

$$\frac{f(x-0)+f(x+0)}{2} = \frac{1}{2\pi}\int_{-\infty}^{\infty}\hat{f}(u)e^{iux}\,dt$$

が成り立つ．特に，$f(x)$ が連続であれば，次が成り立つ．

$$f(x) = \frac{1}{2\pi}\int_{-\infty}^{\infty}\hat{f}(u)e^{iux}\,dt$$

例題 3.9（フーリエ変換の計算）

関数

$$f(x) = \begin{cases} 0 & (x < 0) \\ e^{-x} & (x \geq 0) \end{cases}$$

をフーリエ変換せよ．

解答

$$\begin{aligned}(\mathcal{F}f)(u) &= \int_{-\infty}^{\infty} f(t)e^{-iut}\,dt \\ &= \int_{0}^{\infty} e^{(-1-iu)t}\,dt \\ &= \left[\frac{1}{-1-iu}e^{(-1-iu)t}\right]_0^{\infty}\end{aligned}$$

ここで，

$$\lim_{t\to\infty} e^{(-1-iu)t} = \lim_{t\to\infty} e^{-t}e^{-iut} = 0$$

である（$|e^{-iut}| = 1$ だから）．よって，

$$\begin{aligned}(\mathcal{F}f)(u) &= -\frac{1}{-1-iu} \\ &= \frac{1-iu}{1+u^2}\end{aligned}$$

□

問題 3.12　次の関数をフーリエ変換せよ．

(1)　$f(x) = \begin{cases} 1-|x| & (|x| < 1) \\ 0 & (|x| \geq 1) \end{cases}$

(2)　$g(x) = e^{-|x|}$

演習問題

□ **3.1**　次の $[-\pi, \pi]$ 上定義された関数をフーリエ展開せよ．

(1)　$f(x) = x^3$

(2)　$f(x) = x\cos x$

(3)　$f(x) = \begin{cases} -1 & \left(-\pi \leq x < \dfrac{\pi}{2}\right) \\ 1 & \left(\dfrac{\pi}{2} \leq x \leq \pi\right) \end{cases}$

(4)　$f(x) = \cos\left(\sqrt{2}\,x\right)$

□ **3.2**　$[0, \pi]$ 上定義された関数 $f(x) = e^x$ について，次の問いに答えよ．

(1)　f のフーリエ余弦級数を求めよ．

(2)　f のフーリエ正弦級数を求めよ．

(3)　級数

$$\sum_{n=1}^{\infty} \frac{(-1)^n - e^{\pi}}{n^2 + 1}$$

の値を求めよ．

□ **3.3**　演習問題 3.1(1) の結果にパーセバルの等式（定理 3.8）を適用して，級数 $\displaystyle\sum_{n=1}^{\infty} \frac{1}{n^6}$ の値を求めよ．

□ **3.4**　次の関数をフーリエ変換せよ．

(1)　$f(x) = \begin{cases} x^2 & (|x| < 1) \\ 0 & (|x| \geq 1) \end{cases}$　　(2)　$g(x) = \begin{cases} \cos x & (0 < x < \pi) \\ 0 & (x \leq 0,\ x \geq \pi) \end{cases}$

□ **3.5**　問題 3.12 の結果に定理 3.15 を適用して，次の広義積分の値を求めよ．ただし，x は実定数とする．

(1)　$\displaystyle\int_0^{\infty} \frac{(1 - \cos u)\cos xu}{u^2}\,du$

(2)　$\displaystyle\int_0^{\infty} \frac{\cos xu}{1 + u^2}\,du$

第4章
偏微分方程式

偏微分方程式は，物理・工学における多くの場面で現れる方程式である．本章では，偏微分の復習をし，その後，フーリエ展開を利用して，代表的な偏微分方程式である熱伝導方程式と波動方程式を解く方法を学ぶ．

[4章の内容]

4.1 偏　微　分

2 つの変数 x, y を独立変数とする 2 変数関数 $z=f(x,y)$ を考える．一般に関数 $z=f(x,y)$ のグラフ S は xyz 空間で曲面となる．a, b を実数として，S 上の点 $\mathrm{P}(a,\ b,\ f(a,b))$ の近くにおける S の様子を調べたい．S を平面 $y=b$ で切ると，その断面 C_b は曲線になっており，これは x を独立変数とする 1 変数関数 $z=f(x,b)$ のグラフである．同様に，平面 $x=a$ で切ると，その断面 C'_a は曲線になっており，これは y を独立変数とする 1 変数関数 $z=f(a,y)$ のグラフである．曲線 C_b の $x=a$ における接線の傾きは f の x についての**偏微分係数**

$$\frac{\partial f}{\partial x}(a,b)=\lim_{h\to 0}\frac{f(a+h,b)-f(a,b)}{h}$$

で与えられ，曲線 C'_a の $y=b$ における接線の傾きは f の y についての偏微分係数

$$\frac{\partial f}{\partial y}(a,b)=\lim_{h\to 0}\frac{f(a,b+h)-f(a,b)}{h}$$

で与えられる（図 4.1）．

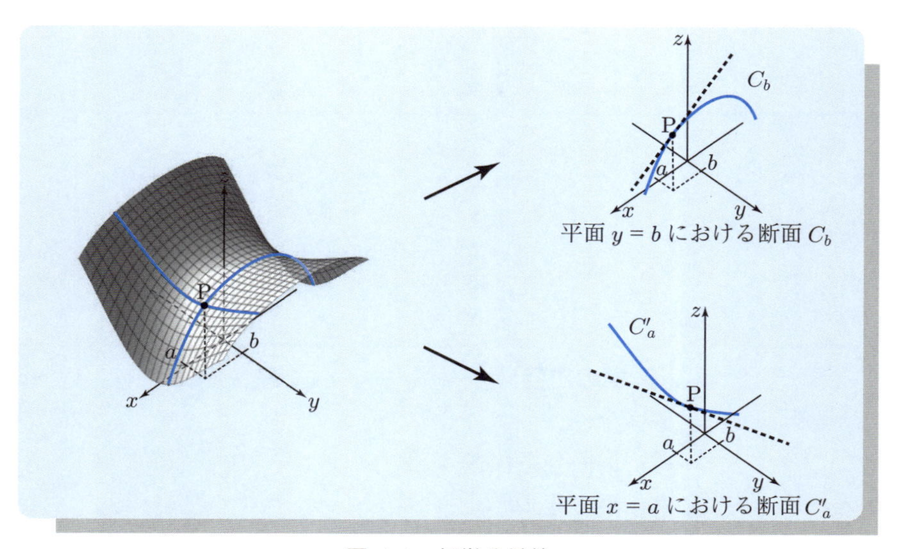

図 **4.1**　偏微分係数

偏微分係数が f の定義域の各点で存在するならば，f は**偏微分可能**であるといい，このとき 2 つの 2 変数関数

$$\frac{\partial f}{\partial x} = \frac{\partial f}{\partial x}(x, y), \quad \frac{\partial f}{\partial y} = \frac{\partial f}{\partial y}(x, y)$$

を考えることができる．これらを f の（1 階の）**偏導関数**という．

注意 偏微分の場合は，微分する変数によって結果が異なるため，1 変数関数のときのような $f'(x)$ という記号は使えない．

曲面を平面 C_b または C'_a で切ったときにできる曲線の点 P における接線が引けるということは，P のごく近くではその曲線は直線で近似できることを意味する．さらに，偏導関数 $\dfrac{\partial f}{\partial x}, \dfrac{\partial f}{\partial y}$ がともに連続のとき，P における曲面 $z = f(x, y)$ の接平面が存在する（→付録 A）．すなわち，P のごく近くでこの曲面は平面で近似できる．

偏導関数がさらに偏微分可能のとき，2 階の偏導関数

$$\frac{\partial^2 f}{\partial x^2} = \frac{\partial}{\partial x}\left(\frac{\partial f}{\partial x}\right), \frac{\partial^2 f}{\partial x \partial y} = \frac{\partial}{\partial x}\left(\frac{\partial f}{\partial y}\right), \frac{\partial^2 f}{\partial y \partial x} = \frac{\partial}{\partial y}\left(\frac{\partial f}{\partial x}\right), \frac{\partial^2 f}{\partial y^2} = \frac{\partial}{\partial y}\left(\frac{\partial f}{\partial y}\right)$$

（偏微分の変数の順序に注意）が考えられる．このうち，2 番目と 3 番目のものには次の関係がある．

定理 4.1

$\dfrac{\partial^2 f}{\partial x \partial y}, \dfrac{\partial^2 f}{\partial y \partial x}$ がどちらも連続ならば，

$$\frac{\partial^2 f}{\partial x \partial y} = \frac{\partial^2 f}{\partial y \partial x}$$

が成り立つ．

この定理は，ある条件のもとで，2 階以上の偏導関数は偏微分の順序によらないことを示している．定理 4.1 の条件が成り立つとき，f の 2 階の偏導関数は，

$$\frac{\partial^2 f}{\partial x^2}, \quad \frac{\partial^2 f}{\partial x \partial y}, \quad \frac{\partial^2 f}{\partial y^2}$$

の 3 つである．

一般に，$n \geq 2$ のとき n 変数関数 $f(x_1,\ x_2, \ldots,\ x_n)$ についても 2 変数の場合と同様に偏導関数を考えることができる．偏微分の計算においては，微分する変数以外の変数は定数とみなして 1 変数のときと同じように微分の計算をすればよい．

例題 4.1（偏微分の計算）

2 変数関数

$$f(x, y) = \sin(x^2 y)$$

について，1 階および 2 階の偏導関数をすべて求めよ．

解答　x による偏微分の際には，y を定数とみる．合成関数の微分法より，

$$\begin{aligned}\frac{\partial}{\partial x}\sin(x^2y) &= \cos(x^2y)\frac{\partial}{\partial x}(x^2y)\\ &= 2xy\cos(x^2y)\end{aligned}$$

y による偏微分の際には，x を定数とみる．よって，x^2 は定数とみなして，

$$\frac{\partial}{\partial y}\sin(x^2y) = x^2\cos(x^2y)$$

となる．

次に，2 階の偏導関数を計算する．$2xy\cos(x^2y)$ を $2xy$ と $\cos(x^2y)$ の積とみて，積の微分法を使うと，

$$\begin{aligned}\frac{\partial^2}{\partial x^2}\sin(x^2y) &= \frac{\partial}{\partial x}\left\{2xy\cos(x^2y)\right\}\\ &= 2y\cos(x^2y) + 2xy\left\{-2xy\sin(x^2y)\right\}\\ &= 2y\cos(x^2y) - 4x^2y^2\sin(x^2y),\end{aligned}$$

$$\begin{aligned}\frac{\partial^2}{\partial y\partial x}\sin(x^2y) &= \frac{\partial}{\partial y}\left\{2xy\cos(x^2y)\right\}\\ &= 2x\cos(x^2y) + 2xy\left\{-x^2\sin(x^2y)\right\}\\ &= 2x\cos(x^2y) - 2x^3y\sin(x^2y)\end{aligned}$$

となる．同様にして，

$$\begin{aligned}\frac{\partial^2}{\partial x \partial y}\left\{x^2\cos(x^2y)\right\} &= \frac{\partial}{\partial x}\left\{x^2\cos(x^2y)\right\}\\ &= 2x\cos(x^2y) + x^2\left\{-2xy\sin(x^2y)\right\}\\ &= 2y\cos(x^2y) - 2x^3y\sin(x^2y),\end{aligned}$$

$$\begin{aligned}\frac{\partial^2}{\partial y^2}\left\{x^2\cos(x^2y)\right\} &= \frac{\partial}{\partial y}\left\{x^2\cos(x^2y)\right\}\\ &= x^2\frac{\partial}{\partial y}\cos(x^2y) \quad \leftarrow \text{定数倍は外に出す}\\ &= -x^4\sin(x^2y)\end{aligned}$$

□

上の例題において，$\dfrac{\partial^2 f}{\partial x \partial y}$, $\dfrac{\partial^2 f}{\partial y \partial x}$ がどちらも連続なので，定理 4.1 より等しくなる．

問題 4.1 以下の 2 変数関数について，1 階および 2 階の偏導関数をすべて求めよ．

(1) $\cos(3x+4y)$

(2) $(x^2+2xy-5)^3$

(3) $e^{x+2y}\sin(6x-5y)$

4.2 線形偏微分方程式

n 変数関数

$$u = u(x_1,\ x_2, \ldots,\ x_n)$$

を未知関数として，$x_1, \ldots,\ x_n$ と u およびその偏導関数を含む等式を**偏微分方程式** (partial differential equation) といい，実際にその等式を満たす関数 u を偏微分方程式の**解**という．偏微分方程式の解を求めることを偏微分方程式を解くという．以下，$n = 2$，$x_1 = x$，$x_2 = y$ として説明する．偏微分方程式が u およびその偏導関数に関して 1 次式になっている場合を**線形偏微分方程式**という．1 階の線形偏微分方程式は

$$a(x, y)u + p_1(x, y)\frac{\partial u}{\partial x} + p_2(x, y)\frac{\partial u}{\partial y} = r(x, y)$$

という形であり（a，p_1，p_2，r は与えられた関数），2 階の線形偏微分方程式は

$$\begin{aligned} a(x, y)u &+ p_1(x, y)\frac{\partial u}{\partial x} + p_2(x, y)\frac{\partial u}{\partial y} \\ &+ q_1(x, y)\frac{\partial^2 u}{\partial x^2} + q_2(x, y)\frac{\partial^2 u}{\partial x \partial y} + q_3(x, y)\frac{\partial^2 u}{\partial y^2} = r(x, y) \end{aligned}$$

の形である．さらに，u およびその偏導関数に関して定数項の部分が 0 の場合，すなわち，

$$\begin{aligned} &a(x, y)u + p_1(x, y)\frac{\partial u}{\partial x} + p_2(x, y)\frac{\partial u}{\partial y} = 0, \\ &a(x, y)u + p_1(x, y)\frac{\partial u}{\partial x} + p_2(x, y)\frac{\partial u}{\partial y} \\ &\qquad + q_1(x, y)\frac{\partial^2 u}{\partial x^2} + q_2(x, y)\frac{\partial^2 u}{\partial x \partial y} + q_3(x, y)\frac{\partial^2 u}{\partial y^2} = 0 \end{aligned}$$

の形の方程式を**斉次線形偏微分方程式**（**同次線形偏微分方程式**）という．

斉次線形偏微分方程式において，次の**重ね合わせの原理**が成り立つ．

定理 4.2（重ね合わせの原理）

斉次線形偏微分方程式の 2 つの解 u_1, u_2 に対して

$$u = c_1u_1 + c_2u_2 \qquad (c_1,\ c_2 \text{ は任意の実数})$$

とおくと，u も同じ偏微分方程式の解である．

【証明】 偏微分の線形性から直ちに従う． □

また，斉次線形偏微分方程式の無限個の解 $u_1, u_2, \ldots$ と定数 $c_1, c_2, \ldots$ について，級数 $\sum_{n=1}^{\infty} c_n u_n$ が収束し，その各変数についての偏導関数が各項の偏導関数の和になっている，すなわち

$$\frac{\partial}{\partial x_i}\left(\sum_{n=1}^{\infty} c_n u_n\right) = \sum_{n=1}^{\infty} c_n \frac{\partial u_n}{\partial x_i} \tag{4.1}$$

などの等式が必要な階数の導関数まで成り立つとき，$u = \sum_{n=1}^{\infty} c_n u_n$ は解になる．条件 (4.1) が成り立つとき，$\sum_{n=1}^{\infty} c_n u_n$ は**項別微分可能** (term-by-term differentiable) であるという．

一般に，偏微分方程式を解くことは難しく，解も常微分方程式に比べて任意性が高くなる．例として，1 階の線形偏微分方程式

$$\frac{\partial u}{\partial x} = \frac{\partial u}{\partial y}$$

の解は

$$u(x, y) = f(x + y) \qquad (f \text{ は任意の微分可能な 1 変数関数})$$

となる．偏微分方程式の解がただ 1 つに決まるような条件として，次節で述べる**初期条件** (initial condition)，**境界条件** (boundary condition) を課す必要がある．

4.3 熱伝導方程式

x, t を独立変数とする 2 変数関数 $u(x,t)$（$0 \leq x \leq \pi$, $0 \leq t < \infty$）に関する 2 階の斉次線形偏微分方程式

$$\frac{\partial u}{\partial t} = \frac{\partial^2 u}{\partial x^2} \tag{4.2}$$

において，$f(x)$ を与えられた関数とし，初期条件

$$u(x,0) = f(x) \quad (0 \leq x \leq \pi) \tag{4.3}$$

および境界条件

$$u(0,t) = u(\pi,t) = 0 \quad (t \geq 0) \tag{4.4}$$

を満たす解を求めたい．(4.2) を**熱伝導方程式** (heat equation) という．解 $u(x,t)$ は長さ π の針金の表面を断熱し，針金の両端を温度 0 の恒温槽に浸すことで一定の温度に保ち，さらに時刻 $t = 0$ のときの針金の温度分布を $f(x)$ に設定したときの時間に伴う温度変化を表しており，x は長さ π の針金における座標を表している．

(4.2) の解を直接求めることはできないので，まず

$$u(x,t) = X(x)T(t) \tag{4.5}$$

の形の解を求める．これを**変数分離法**という．(4.5) を (4.2) に代入して，

$$X(x)T'(t) = X''(x)T(t)$$

となる．両辺を $X(x)T(t)$ で割ると，

$$\frac{T'(t)}{T(t)} = \frac{X''(x)}{X(x)}$$

となり，左辺は t のみを含む式で，右辺は x のみを含む式であるから，結局，両辺ともに定数になってしまう．これを b とおくと，2 つの常微分方程式

$$T'(t) = bT(t), \tag{4.6}$$

$$X''(x) = bX(x) \tag{4.7}$$

を得る．ここで $b<0$ を示す．(4.6) を解いて，$T(t)=Ce^{bt}$．よって，$C \neq 0$ とすると $T(t) \neq 0$．部分積分を用いて，(4.7) より，

$$\begin{aligned} 0 &\le \int_{-\pi}^{\pi} \{X'(x)\}^2\,dx \\ &= [X(x)X'(x)]_{-\pi}^{\pi} - \int_{-\pi}^{\pi} X(x)X''(x)\,dx \\ &= -b\int_{-\pi}^{\pi} \{X(x)\}^2\,dx \end{aligned}$$

よって，$b>0$ とすると，$X(x) \equiv 0$ であり，$u(x,t) \equiv 0$ となってしまうので自明な解となり意味がない．また，$b=0$ とすると，(4.7) より $X''(x)=0$ だから，$X(x)=Ax+B$（A, B は定数）となるので，$T(t) \neq 0$ と合わせると境界条件 (4.4) に反する．したがって $b<0$ である．そこで，$b=-a^2$ となるように定数 $a>0$ を定める．このとき，(4.7) は

$$X''(x) = -a^2X(x)$$

となり，特性解は $\pm ai$ であるから，(4.7) の解は

$$X(x) = C_1 \sin ax + C_2 \cos ax \quad (C_1,\ C_2 \text{ は定数})$$

となる（特性解については，常微分方程式の教科書，例えば「コア・テキスト微分方程式」（サイエンス社）などを見よ）．(4.4) より，$X(0)=X(\pi)=0$ だから，$C_2=0$ であり，$a=n$（n は正の整数）である．よって，

$$X(x) = C_1 \sin nx$$

であり，(4.6) の解は

$$T(t) = Ce^{-n^2t}$$

であるので，

$$u(x,t) = D_n e^{-n^2t} \sin nx \quad (n=1,\ 2,\ldots)$$

は (4.2), (4.4) を満たしている．もし $f(x)$ が

$$f(x) = \sum_{n=1}^{\infty} b_n \sin nx$$

とフーリエ正弦級数に展開可能ならば，重ね合わせの原理（定理 4.2）より，

$$u(x,t) = \sum_{n=1}^{\infty} b_n e^{-n^2 t} \sin nx$$

が境界条件を満たす解である（u が項別微分可能であるためには，初期条件の $f(x)$ の 2 階導関数 $f''(x)$ が区分的になめらかな連続関数であればよい）.

例題 4.2（熱伝導方程式の解）

熱伝導方程式

$$\frac{\partial u}{\partial t} = \frac{\partial^2 u}{\partial x^2}$$

を境界条件 $u(0,t) = u(\pi,t) = 0$ と次の初期条件のもとで解け.

(1)　$u(x,0) = 3\sin 2x - 5\sin 6x \quad (0 < x < \pi)$

(2)　$u(x,0) = x \quad (0 < x < \pi)$

解答　(1)　$f(x) = u(x,0)$ のフーリエ正弦級数のフーリエ係数は $b_2 = 3$, $b_6 = -5$ でそれ以外 0 であるから，求める解は

$$u(x,t) = 3e^{-4t}\sin 2x - 5e^{-36t}\sin 6x$$

となる.

(2)　x のフーリエ展開は

$$x \sim 2\sum_{n=1}^{\infty} \frac{(-1)^{n+1}}{n} \sin nx$$

であるから，求める解は

$$u(x,t) = 2\sum_{n=1}^{\infty} \frac{(-1)^{n+1}}{n} e^{-n^2 t} \sin nx$$

となる.

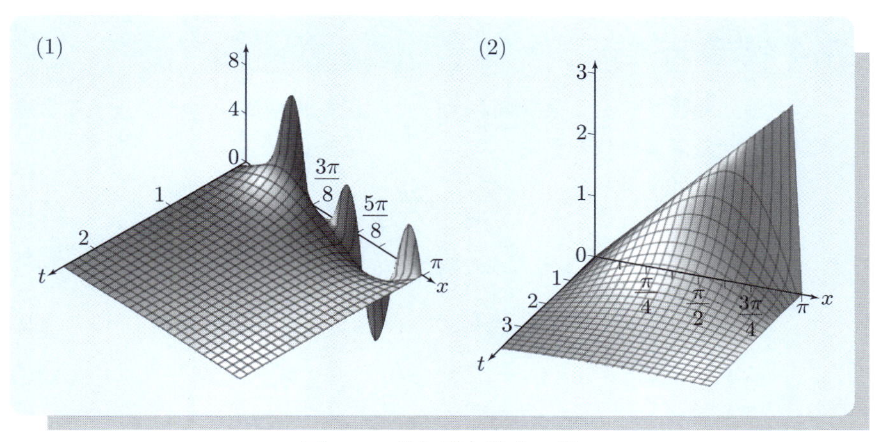

図 4.2 熱伝導方程式の解

□

熱伝導方程式において，x の区間を $[0,\pi]$ から $[0,L]$ に変えたときは周期 $2L$ のフーリエ級数を使えばよい．また，無限の長さの針金について考えるときは，フーリエ級数のかわりにフーリエ変換を用いるが，詳細は略す．

問題 4.2 熱伝導方程式を境界条件 $u(0,t)=u(\pi,t)=0$ と次の初期条件のもとで解け．

(1) $u(x,0)=2\sin x+9\sin 7x \quad (0<x<\pi)$

(2) $u(x,0)=x^2 \quad (0<x<\pi)$

4.4 波動方程式

x, t を独立変数とする 2 変数関数 $u(x,t)$ ($0 \leq x \leq \pi$, $0 \leq t < \infty$) に関する 2 階の斉次線形偏微分方程式

$$\frac{\partial^2 u}{\partial t^2} = \frac{\partial^2 u}{\partial x^2} \tag{4.8}$$

において, $f(x)$, $F(x)$ を与えられた関数とし, 初期条件

$$u(x,0) = f(x) \quad (0 \leq x \leq \pi), \tag{4.9}$$

$$\frac{\partial u}{\partial t}(x,0) = F(x) \quad (0 \leq x \leq \pi) \tag{4.10}$$

および境界条件

$$u(0,t) = u(\pi,t) = 0 \quad (t \geq 0) \tag{4.11}$$

を満たす解を求めたい. (4.2) を**波動方程式** (wave equation) という. 解 $u(x,t)$ は両端を固定した 1 本の弦を指で引っ張り, 指を離した瞬間を $t = 0$ としたときの弦の各点における動きを表す. 弦を指で引っ張ったときの弦の形が $f(x)$ のグラフであり, 指を離した瞬間に弦に与える初速度が $F(x)$ である. 例えば, 弦に何も勢いをつけずに静かに指を離したとき, 初速は 0 なので $F(x) \equiv 0$ である.

波動方程式も熱伝導方程式と同様に, 変数分離法 (4.5) を用いて解く. 熱伝導方程式と違うところは, 変数分離法を用いたときに

$$T''(t) = bT(t) \tag{4.12}$$

という方程式が出てくるところである. このとき, 前と同様に $b = -n^2$ であり, (4.12) の解は

$$T_n(t) = A_n \cos nt + B_n \sin nt$$

である. 重ね合わせの原理 (定理 4.2) より, 解は (4.9) における $f(x)$ と (4.10) における $F(x)$ のフーリエ正弦級数を用いて,

$$u(x,t) = \sum_{n=1}^{\infty} (A_n \cos nt + B_n \sin nt) \sin nx \tag{4.13}$$

と表される.

例題 4.3（波動方程式の解）

波動方程式

$$\frac{\partial^2 u}{\partial t^2} = \frac{\partial^2 u}{\partial x^2}$$

を境界条件 $u(0,t) = u(\pi,t) = 0$ と次の初期条件のもとで解け．

$$u(x,0) = \sin x \quad (0 \leq x \leq \pi), \quad \frac{\partial u}{\partial t}(x,0) = 2\sin 3x \quad (0 \leq x \leq \pi)$$

解答　(4.13) で項別微分ができるとすると，

$$u(x,0) = \sum_{n=1}^{\infty} A_n \sin nx, \quad \frac{\partial u}{\partial t}(x,0) = \sum_{n=1}^{\infty} nB_n \sin nx$$

であるから，初期条件と比較して，$A_1 = 1$, $3B_3 = 2$ であり，他の係数はすべて 0 である．よって求める解は

$$u(x,t) = \cos t \sin x + \frac{2}{3}\sin 3t \sin 3x$$

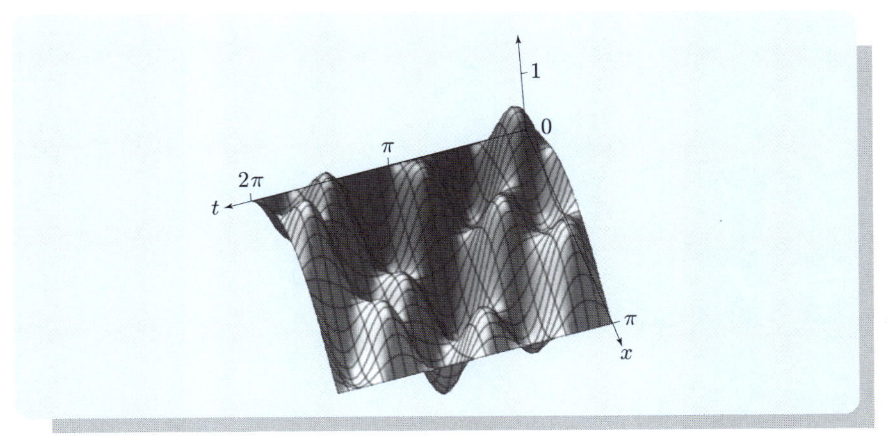

図 4.3　波動方程式の解

□

問題 4.3　波動方程式を境界条件 $u(0,t) = u(\pi,t) = 0$ と次の初期条件のもとで解け．

$$u(x,0) = x \quad (0 < x < \pi), \quad \frac{\partial u}{\partial t}(x,0) = 0 \quad (0 \leq x \leq \pi)$$

演習問題

□ **4.1**　$u(x,t)$（$-\pi \leq x \leq \pi,\ 0 \leq t < \infty$）に関する 2 階の線形偏微分方程式

$$\frac{\partial u}{\partial t} = \frac{\partial^2 u}{\partial x^2}$$

において，初期条件

$$u(x,0) = \cos x \quad (-\pi \leq x \leq \pi)$$

および周期的境界条件

$$u(-\pi,t) = u(\pi,t) \quad (t \geq 0)$$

を満たす解を求めよ．この解は，長さ 2π の針金の両端をつなげて輪にした場合の温度分布を表している．

□ **4.2**　$u(x,t)$（$0 \leq x \leq 4,\ 0 \leq t < \infty$）に関する 2 階の線形偏微分方程式

$$\frac{\partial^2 u}{\partial t^2} = \frac{\partial^2 u}{\partial x^2}$$

において，初期条件

$$u(x,0) = 3\sin^2 \pi x \quad (0 \leq x \leq 4),$$
$$\frac{\partial u}{\partial t}(x,0) = x \qquad (0 < x < 4)$$

および境界条件

$$u(0,t) = u(4,t) = 0 \quad (t \geq 0)$$

を満たす解を求めよ．

□ **4.3**　1 階の線形偏微分方程式

$$\frac{\partial u}{\partial x} = \frac{\partial u}{\partial y}$$

の解が

$$u(x,y) = f(x+y) \qquad (f \text{ は任意の微分可能な 1 変数関数})$$

と表されることを示せ．（ヒント：$s = x+y,\ t = x-y$ とおいて，$u(x,y)$ を $U(s,t)$ の形に変形し，$\dfrac{\partial U}{\partial t} \equiv 0$ を示せばよい．）

付録A ベクトル解析

ここでは，ベクトル解析の概要として，ベクトルの外積，線積分と面積分，スカラー場・ベクトル場および微分操作，ストークスの公式などを説明する．

A.1 ベクトルの外積

3 次元実ベクトル空間 $\mathbb{R}^3$ において，2 つのベクトル

$$\boldsymbol{a} = \begin{bmatrix} a_1 \\ a_2 \\ a_3 \end{bmatrix}, \quad \boldsymbol{b} = \begin{bmatrix} b_1 \\ b_2 \\ b_3 \end{bmatrix}$$

に対して，$\mathbb{R}^3$ のベクトル $\boldsymbol{a} \times \boldsymbol{b}$ を

$$\boldsymbol{a} \times \boldsymbol{b} = \begin{bmatrix} a_2 b_3 - a_3 b_2 \\ a_3 b_1 - a_1 b_3 \\ a_1 b_2 - a_2 b_1 \end{bmatrix}$$

と定める．$\boldsymbol{a} \times \boldsymbol{b}$ を $\boldsymbol{a}$ と $\boldsymbol{b}$ の**外積** (outer product) または**ベクトル積** (vector product) という．外積は次のように，行列式を用いて表現することができる．

$$\begin{aligned} \boldsymbol{a} \times \boldsymbol{b} &= \begin{vmatrix} a_2 & a_3 \\ b_2 & b_3 \end{vmatrix} \boldsymbol{e}_1 - \begin{vmatrix} a_1 & a_3 \\ b_1 & b_3 \end{vmatrix} \boldsymbol{e}_2 + \begin{vmatrix} a_1 & a_2 \\ b_1 & b_2 \end{vmatrix} \boldsymbol{e}_3 \\ &= \begin{vmatrix} a_1 & a_2 & a_3 \\ b_1 & b_2 & b_3 \\ \boldsymbol{e}_1 & \boldsymbol{e}_2 & \boldsymbol{e}_3 \end{vmatrix} \end{aligned}$$

上式最後のベクトルを成分に持つ行列式は，正式な記法ではないが，第 3 行で余因子展開することにより意味を持ち，記憶しやすい記法である．行列式の第 1 行と第 2 行を交換すると，行列式の値が (-1) 倍になるから，次が成り立つ．

$$\boldsymbol{b} \times \boldsymbol{a} = -\boldsymbol{a} \times \boldsymbol{b} \quad \text{（反可換性）}$$

つまり，交換法則が成り立たない．また，積の結合法則も次の公式から成り立たないことが分かる．

$$\boldsymbol{a} \times (\boldsymbol{b} \times \boldsymbol{c}) = (\boldsymbol{a}, \boldsymbol{c})\boldsymbol{b} - (\boldsymbol{a}, \boldsymbol{b})\boldsymbol{c} \quad \text{（ラグランジュの公式）}$$

唯一，分配法則のみ通常の積と同様に成り立つ．

$$\boldsymbol{a} \times (\boldsymbol{b} + \boldsymbol{c}) = \boldsymbol{a} \times \boldsymbol{b} + \boldsymbol{a} \times \boldsymbol{c},$$
$$(\boldsymbol{a} + \boldsymbol{b}) \times \boldsymbol{c} = \boldsymbol{a} \times \boldsymbol{c} + \boldsymbol{b} \times \boldsymbol{c}$$

外積 $\boldsymbol{a} \times \boldsymbol{b}$ と $\boldsymbol{c}$ の内積を取ってできる

$$(\boldsymbol{a} \times \boldsymbol{b}, \boldsymbol{c}) = \begin{vmatrix} a_1 & a_2 & a_3 \\ b_1 & b_2 & b_3 \\ c_1 & c_2 & c_3 \end{vmatrix}$$

を $\boldsymbol{a}$, $\boldsymbol{b}$, $\boldsymbol{c}$ の**スカラー三重積**という．スカラー三重積の絶対値は，$\boldsymbol{a}$, $\boldsymbol{b}$, $\boldsymbol{c}$ を 3 辺に持つ平行六面体の体積になる（図 A.1）．また，スカラー三重積が正のとき，$\boldsymbol{a}$, $\boldsymbol{b}$, $\boldsymbol{c}$ を**右手系**といい，負のとき**左手系**という．右手系とは図 3.1 の座標系において，標準基底 $\boldsymbol{e}_1$, $\boldsymbol{e}_2$, $\boldsymbol{e}_3$ の 3 つのベクトルを 1 次独立性を保ちながら連続的に動かして，それぞれを $\boldsymbol{a}$, $\boldsymbol{b}$, $\boldsymbol{c}$ に一致させられるという意味である．

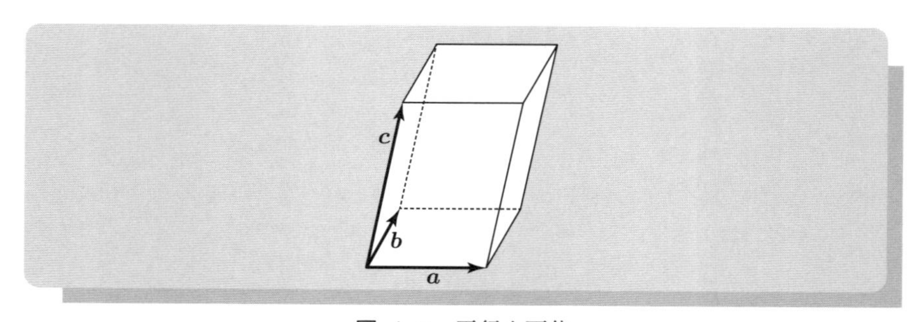

図 A.1　平行六面体

$\boldsymbol{a}$, $\boldsymbol{b}$, $\boldsymbol{c}$ のスカラー三重積において $\boldsymbol{c} = \boldsymbol{a}$ または $\boldsymbol{c} = \boldsymbol{b}$ とおくと，2 つの同じ行を持つ行列式の値は 0 だから，

$$(\boldsymbol{a} \times \boldsymbol{b}, \boldsymbol{a}) = \begin{vmatrix} a_1 & a_2 & a_3 \\ b_1 & b_2 & b_3 \\ a_1 & a_2 & a_3 \end{vmatrix} = 0$$

となる．同様に，$(\boldsymbol{a} \times \boldsymbol{b}, \boldsymbol{b}) = 0$ である．つまり，外積 $\boldsymbol{a} \times \boldsymbol{b}$ は $\boldsymbol{a}$ と $\boldsymbol{b}$ の両方に直

交する．これが外積の最大の特徴である．

外積のノルムは $\boldsymbol{a}$, $\boldsymbol{b}$ を 2 辺に持つ平行四辺形の面積になる．すなわち，$\boldsymbol{a}$ と $\boldsymbol{b}$ のなす角を θ（$0 \leq \theta \leq \pi$）とすると，

$$\|\boldsymbol{a} \times \boldsymbol{b}\| = \|\boldsymbol{a}\|\|\boldsymbol{b}\| \sin\theta$$

となる．$\boldsymbol{a} \times \boldsymbol{b} = \boldsymbol{0}$ になるのは，$\boldsymbol{a}$ と $\boldsymbol{b}$ が 1 次従属，すなわち $\theta = 0$ または $\theta = \pi$ のときである．$\boldsymbol{a} \times \boldsymbol{b} \neq \boldsymbol{0}$ のとき，$\boldsymbol{a}$ と $\boldsymbol{b}$ の両方と直交する方向は 2 つあるが，$\boldsymbol{a} \times \boldsymbol{b}$ の向きは $\boldsymbol{a}$ から $\boldsymbol{b}$ へ角度 θ だけ回転させたとき右ねじの進む方向になる．また，このとき $\boldsymbol{a}$, $\boldsymbol{b}$, $\boldsymbol{a} \times \boldsymbol{b}$ は右手系をなす．

外積を用いて，次のように曲面の接平面を求めることができる．

曲面 $S : z = f(x, y)$ を考える．$(x, y) = (a, b)$ の近くで $f(x, y)$ は偏微分可能で，導関数 $\dfrac{\partial f}{\partial x}$, $\dfrac{\partial f}{\partial y}$ が連続であるとき，S 上の点 $\mathrm{P}(a, b, f(a, b))$ における接平面 H の**法線ベクトル** (normal vector)（H に垂直なベクトル）は S の平面 $y = b$, $x = a$ による断面（図 4.1）におけるそれぞれの接線の方向ベクトル

$$\boldsymbol{t}_1 = \begin{bmatrix} 1 \\ 0 \\ \dfrac{\partial f}{\partial x}(a, b) \end{bmatrix}, \quad \boldsymbol{t}_2 = \begin{bmatrix} 0 \\ 1 \\ \dfrac{\partial f}{\partial y}(a, b) \end{bmatrix} \tag{A.1}$$

のどちらとも直交しているので，法線ベクトルは外積 $\boldsymbol{t}_1 \times \boldsymbol{t}_2$ で与えられる．接平面 H 上の任意の点 $\mathrm{Q}(x, y, z)$ に対して，$\overrightarrow{\mathrm{PQ}} = {}^t[x - a, y - b, z - c]$ は $\boldsymbol{t}_1 \times \boldsymbol{t}_2 = {}^t\left[-\dfrac{\partial f}{\partial x}(a, b), -\dfrac{\partial f}{\partial y}(a, b), 1\right]$ と直交するので，H の方程式は $(\boldsymbol{t}_1 \times \boldsymbol{t}_2) \cdot \overrightarrow{\mathrm{PQ}} = 0$，すなわち

$$z = \frac{\partial f}{\partial x}(a, b)(x - a) + \frac{\partial f}{\partial y}(a, b)(y - b) + c$$

で与えられる．

A.2　曲線と線積分

xy 平面 $\mathbb{R}^2$ または xyz 空間 $\mathbb{R}^3$ の中にある（1 個あるいは複数の）図形によって区切られた部分の 1 つ 1 つ（ただし，境界を含まない）を**領域** (domain) という．例えば，$\mathbb{R}^3$ の中の平面 $x + y + z = 0$ は $\mathbb{R}^3$ を 2 つの領域

$$D_1 = \{(x, y, z) \mid x + y + z > 0\}, \quad D_2 = \{(x, y, z) \mid x + y + z < 0\}$$

に分ける．状況を明確にするために平面領域，空間領域ということがある．また，$\mathbb{R}^2$ 全体，$\mathbb{R}^3$ 全体も領域と呼ぶ．

次に，曲線について述べる．（向きづけられた）**平面曲線** (plane curve) は閉区間 $a \leq t \leq b$ で定義された 2 つの連続関数の組 $(x(t), y(t))$ を座標に持つ点の軌跡として表される．t を**媒介変数** (parameter) という．また，（向きづけられた）**空間曲線** (space curve) とは 3 つの連続関数の組 $(x(t), y(t), z(t))$ を座標に持つ点の軌跡として表される．以下，$x(t)$，$y(t)$，$z(t)$ は区分的になめらかであると仮定する．

平面曲線 $C : (x(t), y(t))$（$a \leq t \leq b$）について，C を含む領域 D で定義された関数 $f(x, y)$ を考える．定積分

$$\int_a^b f(x(t), y(t))\sqrt{x'(t)^2 + y'(t)^2}\, dt$$

を C に沿った f の**線積分** (curvilinear integral) といい，

$$\int_C f\, ds$$

で表す．軌跡が C と同じで，向きも同じであるような別の関数の組 $(X(t), Y(t))$（$c \leq t \leq d$）を用いて上の線積分を定義しても線積分の値は変化しないことが証明できる．$ds = \sqrt{x'(t)^2 + y'(t)^2}\, dt$ を**線素**という．ベクトル $\boldsymbol{t} = {}^t[x'(t), y'(t)]$ を**接ベクトル** (tangent vector) という．線素は $ds = \|\boldsymbol{t}\|\, dt$ と表される．一般に定積分は，積分区間を微小な区間に分割して，それぞれにおける区間の幅と関数の値の積を求め，その積の総和の，区間の分割を細かくしたときの極限として定義される．一方，線積分では，微小区間の幅の代わりに曲線の 2 点間の長さを用いる．t が t から $t + \varDelta t$ という微小な幅で動いたとき，曲線上の点の軌跡は t における接線上の線分の長さで近似できる．その線分の長さは三平方の定理より $\varDelta s = \sqrt{x'(t)^2 + y'(t)^2}\, \varDelta t$ であり，$\varDelta t \to 0$ としたとき，総和は積分に変わるので，$\varDelta s$ を ds でおきかえる．定数関数 1 の C に沿った線積分

$$\int_C ds = \int_a^b \sqrt{x'(t)^2 + y'(t)^2}\, dt \tag{A.2}$$

は C の弧長である．

空間曲線 $\varphi(t) = (x(t), y(t), z(t))$ についても線積分を同様に

$$\int_C f ds = \int_a^b f(x(t), y(t), z(t))\sqrt{x'(t)^2 + y'(t)^2 + z'(t)^2}\, dt$$

で定義する．線素は $ds = \sqrt{x'(t)^2 + y'(t)^2 + z'(t)^2}\,dt$ で，C の弧長は

$$\int_C ds = \int_a^b \sqrt{x'(t)^2 + y'(t)^2 + z'(t)^2}\,dt$$

である．

例 A.1 螺旋（らせん） $(x(t), y(t), z(t)) = (\cos 2t, \sin 2t, t)$（$0 \leq t \leq 2\pi$）の長さ L を求める．

$$\begin{aligned} L &= \int_0^{2\pi} \sqrt{x'(t)^2 + y'(t)^2 + z'(t)^2}\,dt \\ &= \int_0^{2\pi} \sqrt{(-2\sin 2t)^2 + (2\cos 2t)^2 + 1^2}\,dt \\ &= \int_0^{2\pi} \sqrt{5}\,dt \\ &= 2\sqrt{5}\,\pi \end{aligned}$$

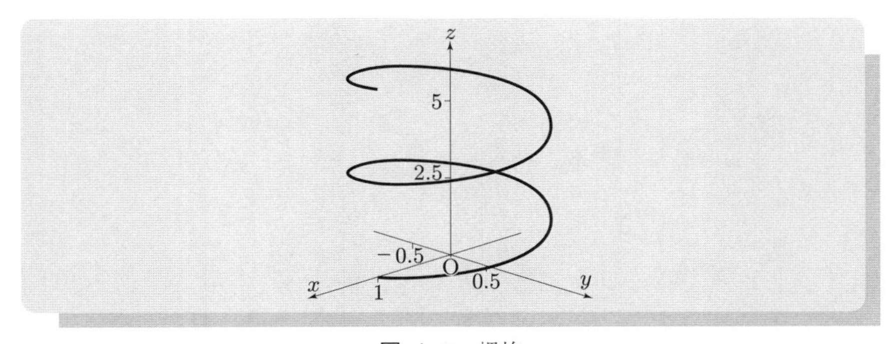

図 **A.2** 螺旋

□

曲線 C が動く向きを逆にした曲線を $-C$ で表す．また，2 つの曲線 C_1，C_2 について，C_1 の終点と C_2 の始点が一致するとき，2 つの曲線をつなげて 1 つの曲線とすることができる．これを $C_1 + C_2$ で表す．このとき，

$$\int_{-C} f\,ds = -\int_C f\,ds, \quad \int_{C_1+C_2} f\,ds = \int_{C_1} f\,ds + \int_{C_2} f\,ds \tag{A.3}$$

が成り立つ．

A.3 スカラー場・ベクトル場

空間領域 D の各点 (x, y, z) に実数 $f(x, y, z)$ を対応させるとき，f を D 上の**スカラー場** (scalar field) といい，各点 (x, y, z) にベクトル $\boldsymbol{A}(x, y, z) = {}^t[A_x(x, y, z), A_y(x, y, z), A_z(x, y, z)]$ を対応させるとき，$\boldsymbol{A}$ を D 上の**ベクトル場** (vector field) という．同様にして，平面領域にもスカラー場・ベクトル場を定義することができる．スカラー場は平面領域では 2 変数関数と同じであり，空間領域では 3 変数関数と同じである．また，ベクトル場は平面領域では 2 つの 2 変数関数の組であり，空間領域では 3 つの 3 変数関数の組である．以下，スカラー場，ベクトル場の成分は少なくとも 2 回偏微分可能で，2 階までの偏導関数はすべて連続であると仮定する．

空間領域 D 上のスカラー場またはベクトル場に対して，以下の 3 つの操作を定義する．

(1)　D 上のスカラー場 $f(x, y, z)$ に対して，

$$\mathrm{grad}\, f = {}^t\left[\frac{\partial f}{\partial x}, \frac{\partial f}{\partial y}, \frac{\partial f}{\partial z}\right]$$

で定義される D 上のベクトル場を f の**勾配** (gradient) という．

(2)　D 上のベクトル場 $\boldsymbol{A}(x, y, z) = {}^t[A_x(x, y, z), A_y(x, y, z), A_z(x, y, z)]$ に対して，

$$\mathrm{rot}\, \boldsymbol{A} = {}^t\left[\frac{\partial A_z}{\partial y} - \frac{\partial A_y}{\partial z}, \frac{\partial A_x}{\partial z} - \frac{\partial A_z}{\partial x}, \frac{\partial A_y}{\partial x} - \frac{\partial A_x}{\partial y}\right]$$

で定義される D 上のベクトル場を $\boldsymbol{A}$ の**回転** (rotation) という．

(3)　D 上のベクトル場 $\boldsymbol{A}(x, y, z) = {}^t[A_x(x, y, z), A_y(x, y, z), A_z(x, y, z)]$ に対して，

$$\mathrm{div}\, \boldsymbol{A} = \frac{\partial A_x}{\partial x} + \frac{\partial A_y}{\partial y} + \frac{\partial A_z}{\partial z}$$

で定義される D 上のスカラー場を $\boldsymbol{A}$ の**発散** (divergence) という．

ナブラ演算子 ∇ を

$$\nabla = {}^t\left[\frac{\partial}{\partial x}, \frac{\partial}{\partial y}, \frac{\partial}{\partial z}\right]$$

と定めると，上の操作は形式的にベクトルのスカラー倍，外積，内積を用いて

$$\mathrm{grad}\, f = \nabla f, \quad \mathrm{rot}\, \boldsymbol{A} = \nabla \times \boldsymbol{A}, \quad \mathrm{div}\, \boldsymbol{A} = (\nabla, \boldsymbol{A})$$

と表される.

例 A.2 $\mathbb{R}^3$ 上のスカラー場 f とベクトル場 $\boldsymbol{A}$ を

$$f(x,y,z) = xyz + 2xy - y^2$$
$$\boldsymbol{A}(x,y,z) = {}^t[e^x, 2\cos(x+2y+3z), \sin 3z]$$

と定義すると,

$$\mathrm{grad}\, f = {}^t[yz + 2y, xz + 2x - 2y, xy]$$
$$\mathrm{rot}\, \boldsymbol{A} = {}^t[6\sin(x+2y+3z), 0, -2\sin(x+2y+3z)]$$
$$\mathrm{div}\, \boldsymbol{A} = e^x - 4\sin(x+2y+3z) + 3\sin 3z$$

であり, さらに,

$$\mathrm{rot}\,(\mathrm{grad}\, f) = {}^t[0,0,0]$$
$$\mathrm{div}\,(\mathrm{rot}\, \boldsymbol{A}) = 0$$
$$\mathrm{div}\,(\mathrm{grad}\, f) = -2$$

である. ■

一般に, D 上のスカラー場 f とベクトル場 $\boldsymbol{A}$ に対して, 常に

$$\mathrm{rot}\,(\mathrm{grad}\, f) = \mathbf{0}, \quad \mathrm{div}\,(\mathrm{rot}\, \boldsymbol{A}) = 0$$

が成立する. また,

$$\Delta f = \mathrm{div}\,(\mathrm{grad}\, f) = \frac{\partial^2 f}{\partial x^2} + \frac{\partial^2 f}{\partial y^2} + \frac{\partial^2 f}{\partial z^2}$$

を f の**ラプラシアン** (Laplacian) といい, $\Delta f = 0$ を満たす f を**調和関数** (harmonic function) という.

A.4 重積分と面積分

まず, 重積分について復習する. 有界な (つまり, 半径の十分大きい円に含まれるような) 平面閉領域 (境界を含めた領域, 以下, 単に領域と表記) D で定義された連続関数 $f(x,y)$ の D における重積分

$$\iint_D f(x,y)\, dxdy$$

は，D を含む長方形領域を小さい長方形領域

$$I_{n,m} = [a_{n-1}, a_n] \times [b_{m-1}, b_m] = \{(x,y) \mid a_{n-1} \leq x \leq a_n,\ b_{m-1} \leq y \leq b_m\}$$
$$(a_0 < a_1 < \cdots < a_N,\ b_0 < b_1 < \cdots < b_M)$$

に分割して，各領域 $I_{n,m}$ から 1 点 $(x_{n,m}, y_{n,m})$ を選んで $I_{n,m}$ を底面，$f(x_{n,m}, y_{n,m})$ を高さとする直方体の体積の総和

$$S_\Delta = \sum_{n=1}^{N} \sum_{m=1}^{M} f(x_{n,m}, y_{n,m})(a_n - a_{n-1})(b_m - b_{m-1})$$

（ただし，右辺の和の各項のうち D と共通部分を持たない $I_{n,m}$ についての項は和に含めないとする）を考え，N, M を大きくしてすべての区間の幅を 0 に近づけた（$\max_{n,m}\{a_n - a_{n-1}, b_m - b_{m-1}\} \to 0$）ときの S_Δ の極限値として定義する．D 上で $f(x,y) \geq 0$ であり，f が連続のとき，この重積分の値は $z = f(x,y)$ のグラフと平面 $z = 0$ で囲まれた D を底面とする領域の体積に一致する．重積分の実際の計算は，次のような**逐次積分**を用いて行う．D が 2 つの関数 $\varphi(x)$, $\psi(x)$ を用いて

$$D = \{(x,y) \mid a \leq x \leq b,\ \varphi(x) \leq y \leq \psi(x)\}$$

と表されるときに，D 上の重積分は

$$\iint_D f(x,y)\,dxdy = \int_a^b \left(\int_{\varphi(x)}^{\psi(x)} f(x,y)\,dy \right) dx$$

として，定積分を 2 回行うことによって求められる．内側の積分では，x を定数と見て y で積分する．D が一般の領域の場合，上の形の領域に分割して重積分を求める．

次に，曲面 S 上の**面積分** (surface integral) を定義する．ここでは曲面 S は D 上定義された関数 $f(x,y)$ のグラフ $z = f(x,y)$ として表されるとする．S 上定義された関数 $F(x,y,z)$ について，面積分

$$\iint_S F(x,y,z)\,d\sigma$$

を次のように定義する．重積分と同様に関数の値を高さ，曲面 S の微小部分を底面積とする柱体の体積を考えたい．ここで，D において微小な長方形

$$I = [x, x + \Delta x] \times [y, y + \Delta y]$$

を考えると，I の面積は $\Delta x \Delta y$ である．S は点 $\mathrm{P}(x, y, f(x,y))$ のごく近くにおいて，P における S の接平面とほぼ一致すると考えると，I を f で写した像 $f(I)$ は (A.1) で述べた 2 本の接ベクトル $\boldsymbol{t}_1$, $\boldsymbol{t}_2$ を用いて，$\Delta x \boldsymbol{t}_1$, $\Delta y \boldsymbol{t}_2$ を 2 辺とする平行

四辺形にほぼ一致する．この平行四辺形の面積は外積を用いて $\Delta x \Delta y \|\boldsymbol{t}_1 \times \boldsymbol{t}_2\|$ と表されるから，**面素** $d\sigma$ を

$$d\sigma = \|\boldsymbol{t}_1 \times \boldsymbol{t}_2\|\,dxdy$$

と定め，次のように D 上の重積分として S 上の面積分を定義する．

$$\begin{aligned}\iint_S F(x,y,z)\,d\sigma &= \iint_D F(x,y,z)\|\boldsymbol{t}_1 \times \boldsymbol{t}_2\|\,dxdy \\ &= \iint_D F(x,y,z)\sqrt{1+\left(\frac{\partial f}{\partial x}\right)^2+\left(\frac{\partial f}{\partial y}\right)^2}\,dxdy\end{aligned}$$

線積分 (A.2) と同様に，定数関数 1 の S 上の面積分

$$\iint_S d\sigma = \iint_D \sqrt{1+\left(\frac{\partial f}{\partial x}\right)^2+\left(\frac{\partial f}{\partial y}\right)^2}\,dxdy$$

は S の曲面積である．

A.5 積 分 定 理

まず，ストークスの公式について述べる．曲線 C が**単純閉曲線** (simple closed curve) であるとは，C の始点と終点が一致し，なおかつ，自分自身との交点を持たないことである．曲面 S は有界平面領域 D 上定義された関数 $f(x,y)$ のグラフ $z=f(x,y)$ として表されるとし，S の境界が単純閉曲線 C であり，C の向きは S の内部を左側に見る向きとする．このとき，次が成り立つ．

定理 A.1（ストークスの公式）

S, C を含む空間領域で定義されたベクトル場 $\boldsymbol{A}$ について，

$$\oint_C (\boldsymbol{A},\boldsymbol{t})\,ds = \iint_S (\mathrm{rot}\,\boldsymbol{A},\boldsymbol{n})\,d\sigma$$

が成り立つ．ここで，$\oint$ は単純閉曲線上の線積分であることを強調する記号であり，$\boldsymbol{t} = \dfrac{{}^t[x'(t),y'(t),z'(t)]}{\sqrt{x'(t)^2+y'(t)^2+z'(t)^2}}$ は $C:(x(t),y(t),z(t))$ の単位接ベクトル，$\boldsymbol{n}$ は (A.1) における S の 2 つの接線の方向ベクトル $\boldsymbol{t}_1$, $\boldsymbol{t}_2$ の外積をそのノルムで割った単位法線ベクトル $\boldsymbol{n} = \dfrac{\boldsymbol{t}_1 \times \boldsymbol{t}_2}{\|\boldsymbol{t}_1 \times \boldsymbol{t}_2\|}$ を表す．

次に，平面におけるグリーンの公式を説明する．平面内の単純閉曲線 C で囲まれた領域 D について以下の定理が成り立つ．

定理 A.2（グリーンの公式）

C, D を含む領域 D' で定義されたスカラー場 $P=P(x,y)$, $Q=Q(x,y)$ について，

$$\oint_C (P\,dx+Q\,dy)=\iint_D\left(\frac{\partial Q}{\partial x}-\frac{\partial P}{\partial y}\right)dxdy$$

が成り立つ．ここで，左辺の dx, dy は $dx=x'(t)\,dt$, $dy=y'(t)\,dt$ を表す．

【証明】　ストークスの公式において $\boldsymbol{A}={}^t[P,Q,0]$ および $f(x,y)\equiv 0$，すなわち $S=D$ とおけばよい．■

例 A.3　xy 平面上に，4 点 $(0,0)$, $(1,0)$, $(0,1)$, $(1,1)$ を頂点に持つ正方形を考え，その周に反時計回りの向きをつけたものを C，正方形の内部を D としたとき，

$$P=x^2-3xy,\quad Q=4xy^2+y^3$$

としてグリーンの公式を検証する．

まず，$\displaystyle\oint_C (P\,dx+Q\,dy)$ を求める．図 A.3 のように $C=C_1+C_2+C_3+C_4$ に分割して考える．

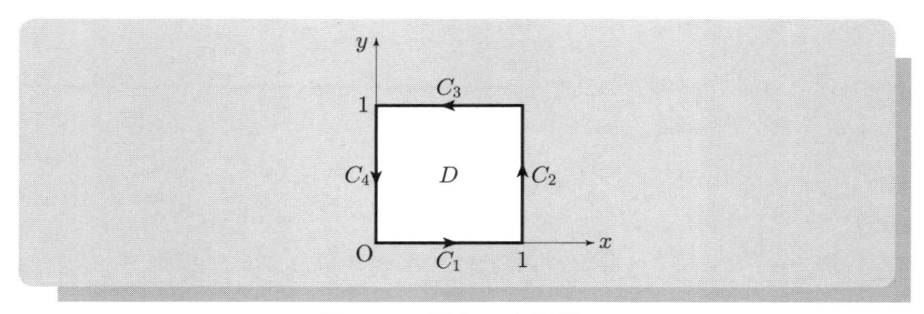

図 A.3　領域 D と境界 C

(1)　$C_1:(t,0)$（$0\leq t\leq 1$）

$x(t)=t$, $y(t)=0$ であるから，$x'(t)=1$, $y'(t)=0$ より，

$$\int_{C_1}(P\,dx+Q\,dy)=\int_0^1(x^2-3xy)\,dt=\int_0^1 t^2\,dt=\frac{1}{3}$$

(2) $C_2 : (1, t)$ $(0 \leq t \leq 1)$

$x(t) = 1$, $y(t) = t$ であるから，$x'(t) = 0$, $y'(t) = 1$ より，

$$\int_{C_2} (P\,dx + Q\,dy) = \int_0^1 (4xy^2 + y^3)\,dt = \int_0^1 (4t^2 + t^3)\,dt = \frac{19}{12}$$

(3) $C_3 : (1-t, 1)$ $(0 \leq t \leq 1)$

$x(t) = 1 - t$, $y(t) = 1$ であるから，$x'(t) = -1$, $y'(t) = 0$ より，

$$\begin{aligned}\int_{C_3} (P\,dx + Q\,dy) &= \int_0^1 \{-(x^2 - 3xy)\}\,dt \\ &= \int_0^1 [-\{(1-t)^2 - 3(1-t)\}]\,dt = \frac{7}{6}\end{aligned}$$

(4) $C_4 : (0, 1-t)$ $(0 \leq t \leq 1)$

$x(t) = 0$, $y(t) = 1 - t$ であるから，$x'(t) = 0$, $y'(t) = -1$ より，

$$\int_{C_4} (P\,dx + Q\,dy) = \int_0^1 \{-(4xy^2 + y^3)\}\,dt = \int_0^1 \{-(1-t)^3\}\,dt = -\frac{1}{4}$$

以上より，

$$\oint_C (P\,dx + Q\,dy) = \frac{1}{3} + \frac{19}{12} + \frac{7}{6} - \frac{1}{4} = \frac{17}{6}$$

次に，$\displaystyle\iint_D \left(\frac{\partial Q}{\partial x} - \frac{\partial P}{\partial y}\right) dxdy$ を逐次積分により求める．

$$\begin{aligned}\iint_D \left(\frac{\partial Q}{\partial x} - \frac{\partial P}{\partial y}\right) dxdy &= \iint_D \{4y^2 - (-3x)\}\,dxdy \\ &= \int_0^1 \left\{\int_0^1 (4y^2 + 3x)\,dy\right\} dx \\ &= \int_0^1 \left[\frac{4}{3}y^3 + 3xy\right]_0^1 dx \\ &= \int_0^1 \left(\frac{4}{3} + 3x\right) dx \\ &= \frac{17}{6}\end{aligned}$$

よって，グリーンの公式が成立することが確かめられた． ■

付録B
複素解析

複素数と複素平面を説明し，複素数を変数とする関数で複素微分可能なものとして正則関数を定義する．正則関数の性質として重要なコーシーの積分定理，留数定理を説明し，ラプラス変換への応用を述べる．

B.1　複素数と複素平面

関係式 $i^2 = -1$ を満たす文字 i に関する実数係数の多項式 z を**複素数** (complex number) という．i について 2 次以上の項は i^2 を -1 で置き換えて次数を下げることにより，複素数 z は必ず

$$z = x + yi \quad (x,\ y \text{ は実数})$$

という i に関する 1 次式で表すことができる．このとき，x を z の**実部** (real part)，y を z の**虚部** (imaginary part) といい，$\mathrm{Re}\, z = x$, $\mathrm{Im}\, z = y$ のように表す．$\mathrm{Re}\, z = 0$ のとき，$z = yi$ を**純虚数** (purely imaginary number) といい，$\mathrm{Im}\, z = 0$ のとき，$z = x$ は実数である．$\mathrm{Im}\, z \neq 0$ のとき，z を**虚数** (imaginary number) という．複素数全体を $\mathbb{C}$ という記号で表す．$\mathbb{C}$ を**複素数体** (complex field) という（和・差・積・0 以外の数による除算で閉じた体系を**体**（たい）と呼ぶ）．$\mathbb{C}$ が除算で閉じていることは，

$$\frac{c + di}{a + bi} = \frac{(c + di)(a - bi)}{(a + bi)(a - bi)} = \frac{ac + bd + (ad - bc)i}{a^2 + b^2}$$

で，$a^2 + b^2 \in \mathbb{R}$ であることから分かる．$z = x + yi$ に対して，$\overline{z} = x - yi$ を z の**共役複素数** (complex conjugate) といい，$|z| = \sqrt{x^2 + y^2}$ を z の**絶対値** (absolute value) という．

複素数 z の実部を x 座標，虚部を y 座標として，z を xy 平面上の点として表現できる．このときの xy 平面を**複素平面** (complex plane) といい，x 軸を**実軸** (real axis)，y 軸を**虚軸** (imaginary axis) という．

O を端点とし，$z(\neq 0)$ を通る半直線と，実軸の正部分がなす角を z の**偏角** (argument) といい，$\arg z$ で表す．このとき，z を

$$z = r(\cos\theta + i\sin\theta), \quad r = |z|, \quad \theta = \arg z \tag{B.1}$$

と表すことができる．これを z の**極形式**という（図 B.1）．偏角に 2π の整数倍を加えても複素数は変化しない．

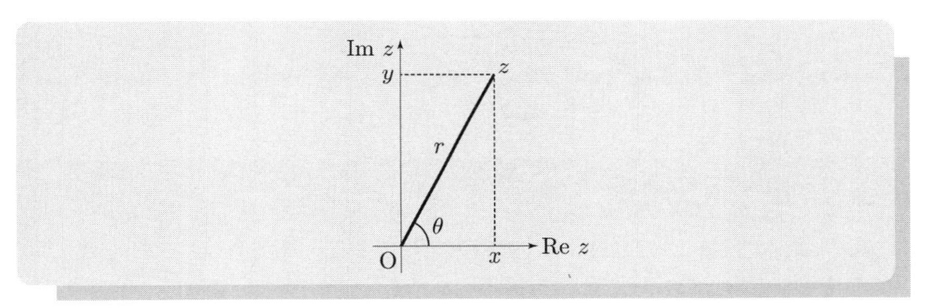

図 **B.1** 極形式

複素数 z, w について，以下の性質が成り立つ．

(1) $|zw| = |z||w|$, $\left|\dfrac{z}{w}\right| = \dfrac{|z|}{|w|}$

(2) $|z| - |w| \leq |z + w| \leq |z| + |w|$

(3) $\arg\,(zw) = \arg z + \arg w$, $\arg \dfrac{z}{w} = \arg z - \arg w$

(4) **（ド・モアブルの公式）** 極形式 $z = r(\cos\theta + i\sin\theta)$ と整数 n に対して，

$$z^n = r^n(\cos n\theta + i\sin n\theta)$$

が成り立つ．

複素数 z と正整数 n に対して，$w^n = z$ を満たす複素数 w を z の $\boldsymbol{n}$ **乗根** (n-th root of z) という．ド・モアブルの公式より，z の n 乗根 w の絶対値は $|w| = |z|^{\frac{1}{n}}$ であり，$\theta = \arg z$ とおくと，w の偏角 $\arg w$ は

$$\frac{\theta}{n}, \quad \frac{\theta + 2\pi}{n}, \quad \frac{\theta + 4\pi}{n}, \quad \ldots, \quad \frac{\theta + 2(n-1)\pi}{n}$$

のいずれかである．これより，z の n 乗根は複素数の範囲にちょうど n 個あることが分かる（図 B.2）．

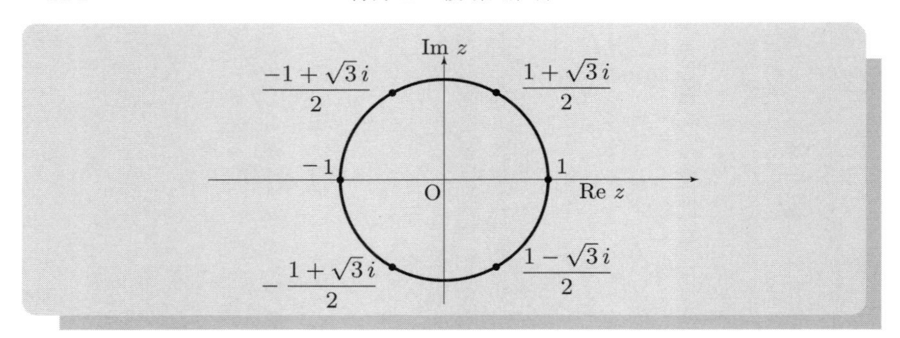

図 B.2 1 の 6 乗根

B.2 正則関数

複素平面内の領域 D で定義された，複素数の値をとる関数 $f : D \to \mathbb{C}$ を考える．複素数を実部と虚部に分けて表示すると，

$$f(z) = f(x + yi) = u(x, y) + iv(x, y), \quad z = x + yi \in D$$

と 2 つの 2 変数実数値関数 $u(x, y)$, $v(x, y)$ を用いて表される．u, v はそれぞれ連続な 1 階の偏導関数を持つと仮定する．ここで，f の**複素微分**を定義したい．$a \in D$ として，$h \in \mathbb{C}$ が 0 に近づくときの

$$\frac{f(a+h) - f(a)}{h} \tag{B.2}$$

の極限値が存在するとき，$f(z)$ は $z = a$ で**複素微分可能**といい，その極限値を $f'(a) = \dfrac{\partial f}{\partial z}(a)$ で表す．複素微分可能であるためには，h が 0 へどのような近づき方をしても (B.2) が同一の値へ近づく必要がある．h が実数で，実軸上で 0 に近づくとすると，$a = \alpha + \beta i$ のとき，

$$\frac{f(a+h) - f(a)}{h} = \frac{u(\alpha + h, \beta) - u(\alpha, \beta)}{h} + i\frac{v(\alpha + h, \beta) - v(\alpha, \beta)}{h}$$

であるから，$h \to 0$ として，

$$f'(a) = \frac{\partial u}{\partial x}(\alpha, \beta) + i\frac{\partial v}{\partial x}(\alpha, \beta) \tag{B.3}$$

となる．また，h を純虚数 $h = ki$ とすると，

$$\frac{f(a+ki) - f(a)}{ki} = \frac{u(\alpha, \beta + k) - u(\alpha, \beta)}{ki} + i\frac{v(\alpha, \beta + k) - v(\alpha, \beta)}{ki}$$

であるから，$k \to 0$ として，

$$f'(a) = \frac{1}{i}\frac{\partial u}{\partial y}(\alpha, \beta) + \frac{\partial v}{\partial y}(\alpha, \beta) \tag{B.4}$$

である．(B.3), (B.4) の実部と虚部を比較して，

$$\frac{\partial u}{\partial x}(\alpha, \beta) = \frac{\partial v}{\partial y}(\alpha, \beta), \quad \frac{\partial u}{\partial y}(\alpha, \beta) = -\frac{\partial v}{\partial x}(\alpha, \beta) \tag{B.5}$$

が成り立つ．(B.5) を**コーシー–リーマンの方程式**という．上の考察より，コーシー–リーマンの方程式は複素微分ができるための必要条件であるが，実は十分条件であることが証明できる．

定理 B.1

$u(x, y)$, $v(x, y)$ が 1 階偏微分可能で，各導関数が連続であるとする．u, v が $a = \alpha + \beta i$ においてコーシー–リーマンの方程式を満たすならば，$f(z) = u(x, y) + iv(x, y)$ について $f'(a)$ が存在する．

$f(z)$ が D 上の各点において複素微分可能なとき，$f(z)$ を D 上の**正則関数** (holomorphic function) という．正則関数の性質を調べる分野が複素解析である．

例 B.1　$a \in \mathbb{C}$, n は 0 以上の整数とし，関数 $f(z) = (z-a)^n$ を考えると，$f(z)$ は $\mathbb{C}$ で正則で，$f'(z) = n(z-a)^{n-1}$ である．

また，$z \neq a$ で定義された関数 $g(z) = (z-a)^{-n} = \dfrac{1}{(z-a)^n}$ を考えると，$g(z)$ は $\mathbb{C}\backslash\{a\}$ で正則で，$g'(z) = -n(z-a)^{-n-1}$ である．

B.3 級　　数

複素数列 $\{a_n\}_{n \geq 0}$ の無限和 $\displaystyle\sum_{n=0}^{\infty} a_n$ を考える．$a_n = \alpha_n + \beta_n i$ と実部・虚部に分けることにより，

$$\sum_{n=0}^{\infty} a_n = \sum_{n=0}^{\infty} \alpha_n + i\sum_{n=0}^{\infty} \beta_n$$

で級数の和を定義する．すなわち，実部・虚部の級数がどちらも収束するときのみ無限級数 $\sum a_n$ が定義される．次に，複素数列 $\{a_n\}$ に対して，

$$\sum_{n=0}^{\infty} a_n z^n$$

の形の級数を考える．これを $z = 0$ における**ベキ級数** (power series) という．ベキ級数は複素変数 z の関数と見ることができ，次の定理が成り立つ．

定理 B.2

ベキ級数 $f(z)=\sum_{n=0}^{\infty} a_n z^n$ の収束・発散について，次のいずれかが成り立つ．

(1) $z=0$ のみ収束し，$z \neq 0$ では発散する．

(2) 実数 $R>0$ が存在し，$|z|<R$ で収束，$|z|>R$ で発散する．

(3) すべての複素数 z で収束する．

(1) のとき**収束半径**は 0，(2) のとき収束半径は R，(3) のとき収束半径は ∞ であるという．(2) または (3) のとき，$f(z)$ は少なくとも $z=0$ の近くで正則であり，項別微分

$$f'(z)=\sum_{n=1}^{\infty} n a_n z^{n-1}$$

が成り立つ．

次の 3 つのベキ級数を考えよう．

$$e^z=\sum_{n=0}^{\infty} \frac{z^n}{n!} \tag{B.6}$$

$$\cos z=\sum_{n=0}^{\infty} \frac{(-1)^n z^{2n}}{(2n)!} \tag{B.7}$$

$$\sin z=\sum_{n=0}^{\infty} \frac{(-1)^n z^{2n+1}}{(2n+1)!} \tag{B.8}$$

z を実変数と考えれば，これらは微分積分で学ぶ実数値関数のテイラー展開と一致しているが，z が複素数でもこのようにして意味を持たせることができる．これらのベキ級数の収束半径は ∞ である．(B.6) において，$z=ix$ を代入し，実部と虚部に分けて (B.7), (B.8) を用いると

$$\begin{aligned} e^{ix} &= \sum_{n=0}^{\infty} \frac{(ix)^n}{n!} = \sum_{n=0}^{\infty} \frac{(-1)^n x^{2n}}{(2n)!} + i \sum_{n=0}^{\infty} \frac{(-1)^n x^{2n+1}}{(2n+1)!} \\ &= \cos x + i \sin x \end{aligned}$$

これが任意の $x \in \mathbb{R}$（実際は任意の $x \in \mathbb{C}$）で成り立つ．この等式を**オイラーの公式**という．オイラーの公式を用いると，極形式 (B.1) は

$$z=re^{i\theta}, \quad r=|z|, \quad \theta=\arg z$$

と表される．項別微分を用いると，任意の複素定数 α に対して，

$$
\begin{aligned}
(e^{\alpha z})' &= \sum_{n=0}^{\infty} \left(\frac{(\alpha z)^n}{n!} \right)' \\
&= \alpha \sum_{n=1}^{\infty} \frac{(\alpha z)^{n-1}}{(n-1)!} \\
&= \alpha e^{\alpha z}
\end{aligned}
$$

が成り立つ．同様にして，$(\cos \alpha z)' = -\alpha \sin \alpha z$，$(\sin \alpha z)' = \alpha \cos \alpha z$ が示される．

$a \in \mathbb{C}$ に対して，$z = a$ におけるベキ級数

$$
f(z) = \sum_{n=0}^{\infty} a_n (z-a)^n
$$

も同様に考えることができる．収束半径を R とすると，$|z-a| < R$ という a を中心とする円の内部で収束し，項別微分も可能である．次の定理が成り立つ．

定理 B.3

$f(z)$ は領域 $|z-a| < r$ で正則とすると，収束半径が r 以上の $z = a$ におけるベキ級数で表せる．

定理 B.4（一致の定理（弱い形））

実軸を含む領域 D で定義された 2 つの正則関数 $f(z)$，$g(z)$ が

$$
f(x) = g(x) \quad (x \in \mathbb{R})
$$

を満たすならば，

$$
f(z) = g(z) \quad (z \in D)
$$

である．

この一致の定理を用いると，指数法則

$$
e^{z+w} = e^z e^w, \quad e^{z-w} = \frac{e^z}{e^w}
$$

や三角関数の加法定理がすべての複素数 z，w で成り立つことが示される．

次に，孤立特異点について説明する．$f(z)$ が $z=a$ では定義されておらず，領域 $0<|z-a|<R$ で正則であるとする．このとき a を $f(z)$ の**孤立特異点** (isolated singularity) という．次の定理が成り立つ．

定理 B.5

a を $f(z)$ の孤立特異点としたとき，次のうちいずれか 1 つが成り立つ．

(1) $z=a$ におけるベキ級数展開

$$f(z)=\sum_{n=0}^{\infty}a_n(z-a)^n$$

が成り立つ．このとき a を**除去可能特異点** (removable singularity) という．

(2) ある正整数 m が存在し，負のベキまで含んだ級数展開

$$f(z)=\sum_{n=-m}^{\infty}a_n(z-a)^n,\quad a_{-m}\neq 0$$

が成り立つ．このとき a を **m 位の極** (pole of order m) という．

(3) 負のベキについても無限個の項が必要であり，

$$f(z)=\sum_{n=-\infty}^{-1}a_n(z-a)^n+\sum_{n=0}^{\infty}a_n(z-a)^n$$

と表される．このとき a を**真性特異点** (essential singularity) という．

除去可能特異点の例として，$f(z)=\dfrac{\sin z}{z}$ は $z=0$ で定義されないが，(B.8) の両辺を z で割ると

$$\frac{\sin z}{z}=\sum_{n=0}^{\infty}\frac{(-1)^n z^{2n}}{(2n+1)!}$$

となり，右辺に $z=0$ を代入すると 1 となり意味を持つ．よって $f(0)=1$ と定義すれば $f(z)$ は収束半径 ∞ の正則関数になる．真性特異点の例としては $g(z)=e^{\frac{1}{z}}$ における $z=0$ である（(B.6) の z に $\frac{1}{z}$ を代入すればよい）．

(2), (3) で出てきた負のベキを含む級数を**ローラン級数** (Laurent series) という．

B.4 コーシーの積分定理

複素平面内の曲線 C が 2 つの実数値関数 $x(t)$, $y(t)$ を用いて $z(t) = x(t) + iy(t)$ $(a \leq t \leq b)$ と表されるとき，C 上の関数 $f(z)$ の**複素積分** $\displaystyle\int_C f(z)\,dz$ を

$$\int_C f(z)\,dz = \int_a^b f(z(t))z'(t)\,dt$$

で定義する．C を**積分路**という．$f(z) = u(x,y) + iv(x,y)$ と表したとき，複素積分は次のように線積分を用いて表される．

$$\int_C f(z)\,dz = \int_C (u(x,y)\,dx - v(x,y)\,dy) + i\int_C (u(x,y)\,dy + v(x,y)\,dx)$$

複素積分でよく用いられる不等式は

$$\left|\int_C f(z)\,dz\right| \leq \int_C |f(z)|\,|dz| \tag{B.9}$$

である．ここで，$|dz| = \sqrt{x'(t)^2 + y'(t)^2}\,dt$ は C の線素である．以下，複素積分に関する主要な定理を述べる．

定理 B.6（コーシーの積分定理）

複素平面内の単純閉曲線 C が領域 D の境界になっており，C の向きは D を左側に見る向きとする．C, D を含むある領域で正則な関数 $f(z)$ について，

$$\oint_C f(z)\,dz = 0$$

が成り立つ．

【証明】　グリーンの公式（定理 A.2）とコーシー–リーマンの方程式 (B.5) より，

$$\begin{aligned}\oint_C f(z)\,dz &= \oint_C (u(x,y)\,dx - v(x,y)\,dy) + i\oint_C (u(x,y)\,dy + v(x,y)\,dx) \\ &= \iint_D \left(-\frac{\partial v}{\partial x} - \frac{\partial u}{\partial y}\right) dxdy + i\iint_D \left(\frac{\partial u}{\partial x} - \frac{\partial v}{\partial y}\right) dxdy \\ &= 0\end{aligned}$$

□

定理 B.7（コーシーの積分公式）

C, D, f は定理 B.6 と同じ状況とする．このとき，任意の $z \in D$ に対して，

$$f(z) = \frac{1}{2\pi i} \oint_C \frac{f(w)}{w-z}\, dw \tag{B.10}$$

が成り立つ．

定理 B.7 の複素積分の被積分関数 $\dfrac{f(w)}{w-z}$ を z の関数と見ると，明らかに z で何回でも微分できる．そこで，積分と微分の順序交換ができるとすると，(B.10) の両辺を z で n 回微分することにより，$f(z)$ の n 階導関数 $f^{(n)}(z)$（$n = 1, 2, \ldots$）は

$$f^{(n)}(z) = \frac{n!}{2\pi i} \oint_C \frac{f(w)}{(w-z)^{n+1}}\, dw$$

と表示できる．このことは正しく，結論として「正則関数は何回でも複素微分可能である」ということが分かる．また，同様の論法で，関数 $f(t)$ のラプラス変換

$$F(s) = \mathcal{L}\{f(t)\} = \int_0^\infty f(t)e^{-st}\, dt$$

も，被積分関数が s で何回でも複素微分できるので，ラプラス変換の像 $F(s)$ はその収束域において正則関数であることが示される．

次に，留数について述べる．a を $f(z)$ の孤立特異点とする．このとき，$f(z)$ のローラン展開（定理 B.5）における $(z-a)^{-1}$ の係数 a_{-1} を a における $f(z)$ の**留数** (residue) といい，$\mathrm{Res}(f, a)$ で表す．次が成り立つ．

定理 B.8（留数定理）

C, D は定理 B.6 と同じ状況とし，f は C, D を含む領域 D' から D に属する有限個の点 $a_1, a_2, \ldots, a_k$ を除いた領域 $D' \backslash \{a_1, a_2, \ldots, a_k\}$ で正則とする．このとき，

$$\oint_C f(z)\, dz = 2\pi i \sum_{j=1}^{k} \mathrm{Res}(f, a_j)$$

が成り立つ．

注意　このとき，境界 C 上に特異点があってはならない．また，カウントするのは C の内部にある特異点のみで，C の外部にある特異点は無視する．

B.5　ラプラス変換への応用

ここでは，第2章で述べたラプラス逆変換の公式について考える．

定理 B.9（再掲）

$f(t)$ は開区間 $(0, \infty)$ で微分可能で，導関数 $f'(t)$ も連続であると仮定し，$\mathcal{L}\{f(t)\} = F(s)$，収束座標を s_0 $(< \infty)$ とする．$c > s_0$ である実数 c に対して，

$$f(t) = \frac{1}{2\pi i} \int_{c-i\infty}^{c+i\infty} F(s)e^{st}\,ds \quad (t > 0) \tag{B.11}$$

が成り立つ．

条件

$$|F(s)| < \frac{M}{|s|^k} \quad (\mathrm{Re}\ s > s_0,\ M, k \text{ は正の定数})$$

を仮定して，(B.11) における複素積分が c の選び方によらないことを示す．$s_0 < c < c'$ となる任意の実数 c, c' について，図 B.3 のような積分路 $C_R = C_{1,R} + C_{2,R} + C_{3,R} + C_{4,R}$ を考える．

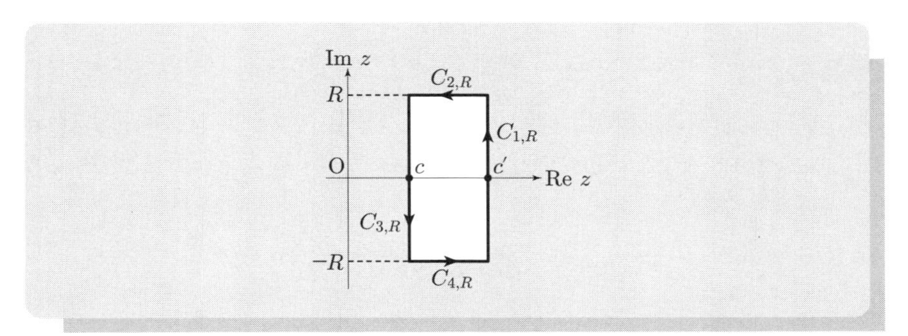

図 **B.3**　積分路 C_R

コーシーの積分定理より，

$$\left(\int_{C_{1,R}} + \int_{C_{2,R}} + \int_{C_{3,R}} + \int_{C_{4,R}} \right) F(s)e^{st}\,ds = 0 \tag{B.12}$$

である．s が $C_{2,R}$ 上にあるとき，$|e^{st}| \leq e^{c't}$ であるから，(B.9) より，

$$\left|\int_{C_{2,R}} F(s)e^{st}\,ds\right| \leq \int_{C_{2,R}} |F(s)||e^{st}|\,|ds|$$
$$\leq \frac{M}{|s|^k}e^{c't}|c'-c| \leq \frac{M}{R^k}e^{c't}|c'-c|$$

であり，M, k, c, c', t はすべて定数であるから，$R\to\infty$ とすると，$\displaystyle\int_{C_{2,R}} F(s)e^{st}\,ds$ $\to 0$ である．同様にして $\displaystyle\int_{C_{4,R}} F(s)e^{st}\,ds \to 0$ であるから，(B.12) で $R\to\infty$ とすると，

$$\int_{c'-i\infty}^{c'+i\infty} F(s)e^{st}\,ds + \int_{c+i\infty}^{c-i\infty} F(s)e^{st}\,ds = 0$$

となり，左辺の第 2 項の積分路の向きを反対にすると，(A.3) より積分値が (-1) 倍になるから，

$$\int_{c'-i\infty}^{c'+i\infty} F(s)e^{st}\,ds = \int_{c-i\infty}^{c+i\infty} F(s)e^{st}\,ds$$

となり，目標が示された．

次に，定理 B.9 を用いたラプラス逆変換の計算例を挙げる．

例 B.2 $F(s) = \dfrac{1}{s^2+2s+2}$ とする．$\dfrac{1}{2\pi i}\displaystyle\int_{-i\infty}^{i\infty} F(s)e^{st}\,ds$ を求めたい．方程式 $s^2+2s+2=0$ の解は $s=-1\pm i$ であるから，$F(s)$ は $s=-1\pm i$ で 1 位の極を持つ．e^{st} は 0 にならない正則関数なので，$F(s)e^{st}$ も $s=-1\pm i$ で 1 位の極を持つ．次に留数を求める．

$$\frac{1}{s^2+2s+2} = \frac{1}{2i}\left(\frac{1}{s+1-i} - \frac{1}{s+1+i}\right)$$

であるから，$\mathrm{Res}(F,-1+i) = \dfrac{1}{2i}$ である（$\dfrac{1}{s+1-i}$ の係数だけ見ればよい．$\dfrac{1}{s+1+i}$ は $s=-1+i$ の近くで正則なので，ベキ級数は負のベキの項を含まない）．同様にして，$\mathrm{Res}(F,-1-i) = -\dfrac{1}{2i}$ である．したがって，

$$\mathrm{Res}(F(s)e^{st},-1+i) = \frac{e^{(-1+i)t}}{2i},\quad \mathrm{Res}(F(s)e^{st},-1-i) = -\frac{e^{(-1-i)t}}{2i}$$

である．

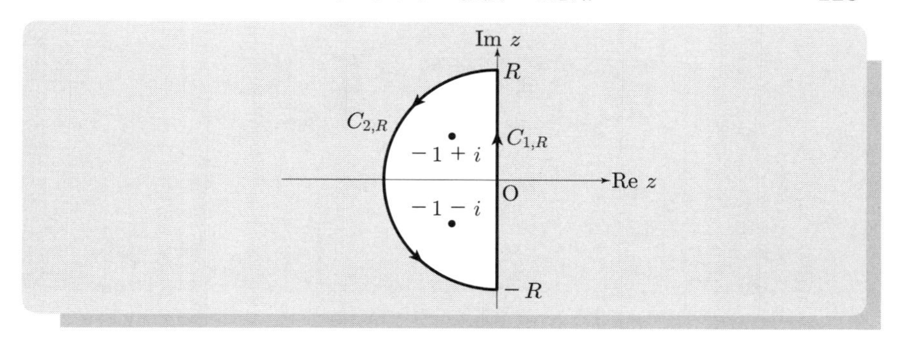

図 **B.4** 積分路（半円）

留数定理より，図 B.4 の $C_R = C_{1,R} + C_{2,R}$ について，

$$\oint_{C_R} F(s)e^{st}\,ds = 2\pi i\left(\frac{e^{(-1+i)t}}{2i} - \frac{e^{(-1-i)t}}{2i}\right)$$
$$= 2\pi i e^{-t}\sin t \tag{B.13}$$

である．$C_{2,R}$ を $s = R(\cos\theta + i\sin\theta)$ $\left(\dfrac{\pi}{2} \leq \theta \leq \dfrac{3\pi}{2}\right)$ と表示すると，この範囲で $\cos\theta \leq 0$ であるから，

$$\left|\int_{C_{2,R}} F(s)e^{st}\,ds\right| \leq \int_{C_{2,R}} |F(s)||e^{st}||ds|$$
$$\leq \int_{C_{2,R}} \frac{1}{|s+1|^2}e^{Rt\cos\theta}|ds|$$
$$\leq \frac{1}{(R-1)^2}\int_{C_{2,R}} |ds| = \frac{\pi R}{(R-1)^2}$$

よって $R \to \infty$ とすると，$\displaystyle\int_{C_{2,R}} F(s)e^{st}\,ds \to 0$ であり，(B.13) より，

$$\int_{-i\infty}^{i\infty} F(s)e^{st}\,ds = \lim_{R\to\infty}\int_{C_{1,R}} F(s)e^{st}\,ds = \lim_{R\to\infty}\oint_{C_R} F(s)e^{st}\,ds = 2\pi i e^{-t}\sin t$$

となる．定理 B.9 より，

$$\mathcal{L}^{-1}\{F(s)\} = e^{-t}\sin t$$

が示された． □

問題の解答

第 1 章

1.1 (1) $\displaystyle\int_\varepsilon^2 \frac{1}{x^3}\,dx = -\frac{1}{2}\left(\frac{1}{4}-\frac{1}{\varepsilon^2}\right)$ より，$\varepsilon \to +0$ として，$\displaystyle\int_0^2 \frac{1}{x^3}\,dx = +\infty$

(2) $\displaystyle\int_\varepsilon^1 \frac{1}{\sqrt[3]{x}}\,dx = \frac{3}{2}\left(1-\sqrt[3]{\varepsilon^2}\right)$ より，$\varepsilon \to +0$ として，$\displaystyle\int_0^1 \frac{1}{\sqrt[3]{x}}\,dx = \frac{3}{2}$

1.2 (1) $\displaystyle\int_2^M e^{-4x}\,dx = -\frac{1}{4}(e^{-4M}-e^{-8})$ より，$M \to \infty$ として，$\displaystyle\int_2^\infty e^{-4x}\,dx = \frac{1}{4e^8}$

(2) $\displaystyle\int_3^M \frac{1}{x^3}\,dx = -\frac{1}{2}\left(\frac{1}{M^2}-\frac{1}{9}\right)$ より，$M \to \infty$ として，$\displaystyle\int_3^\infty \frac{1}{x^3}\,dx = \frac{1}{18}$

1.3 (1) $\displaystyle\int_0^1 \frac{1}{x^2}\,dx = +\infty$, $\displaystyle\int_1^\infty \frac{1}{x^2}\,dx = 1$ より，$\displaystyle\int_0^\infty \frac{1}{x^2}\,dx = +\infty$

(2) $\displaystyle\int_0^1 \frac{1}{\sqrt{x}}\,dx = 2$, $t=-x$ とおくと，$\displaystyle\int_{-1}^0 \frac{1}{\sqrt{-x}}\,dx = \int_0^1 \frac{1}{\sqrt{t}}\,dt = 2$ より，$\displaystyle\int_{-1}^1 \frac{1}{\sqrt{|x|}}\,dx = 4$

(3) $\displaystyle\int_{-\infty}^0 x\,dx = \int_0^\infty (-x)\,dx = -\infty$ より，$\displaystyle\int_{-\infty}^\infty (-|x|)\,dx = -\infty$

1.4 $x=\sqrt{2}\,t$ とおくと，

$$\int_0^M e^{-\frac{x^2}{2}}\,dx = \sqrt{2}\int_0^{M/\sqrt{2}} e^{-t^2}\,dt$$

$M \to \infty$ とすると，$\displaystyle\int_0^\infty e^{-\frac{x^2}{2}}\,dx = \frac{\sqrt{\pi}}{\sqrt{2}}$. 同様にして，$\displaystyle\int_{-\infty}^0 e^{-\frac{x^2}{2}}\,dx = \frac{\sqrt{\pi}}{\sqrt{2}}$ より，

$$\int_{-\infty}^{\infty} e^{-\frac{x^2}{2}}\,dx = \sqrt{2\pi}$$

1.5　(1) $\displaystyle\int_0^M (2t-3)e^{-st}\,dt = \frac{2-3s-e^{-sM}(2sM-3s+2)}{s^2}$ より，$M \to \infty$ として，$\mathcal{L}\{2t-3\} = \dfrac{2}{s^2} - \dfrac{3}{s}$．収束座標は 0.

(2) $\displaystyle\int_0^M te^t e^{-st}\,dt = \frac{1-e^{-(s-1)M}(sM-M+1)}{(s-1)^2}$ より，$M \to \infty$ として，$\mathcal{L}\{te^t\} = \dfrac{1}{(s-1)^2}$．収束座標は 1.

1.6　(1) $\mathcal{L}\{\cos 2t\} = \dfrac{s}{s^2+4}$．収束座標は 0.

(2) $\mathcal{L}\{\sin 3t\} = \dfrac{3}{s^2+9}$．収束座標は 0.

1.7　(1) 系 1.4 より，$\Gamma(6) = 5! = 120$

(2) 定理 1.3，式 (1.8) より，$\Gamma\left(\dfrac{3}{2}\right) = \dfrac{1}{2}\Gamma\left(\dfrac{1}{2}\right) = \dfrac{\sqrt{\pi}}{2}$

(3) $\Gamma\left(\dfrac{7}{2}\right) = \dfrac{5}{2}\dfrac{3}{2}\Gamma\left(\dfrac{3}{2}\right) = \dfrac{15\sqrt{\pi}}{8}$

1.8　(1) $\mathcal{L}\{t^4\} = \dfrac{4!}{s^5} = \dfrac{24}{s^5}$

(2) $\mathcal{L}\left\{\dfrac{1}{\sqrt{t}}\right\} = \dfrac{\Gamma(1/2)}{s^{1/2}} = \dfrac{\sqrt{\pi}}{\sqrt{s}}$

(3) $\mathcal{L}\{\sqrt{t}\} = \dfrac{\Gamma(3/2)}{s^{3/2}} = \dfrac{\sqrt{\pi}}{2s\sqrt{s}}$

1.9　(1) $\dfrac{18}{s^4} - \dfrac{10}{s^3} + \dfrac{6}{s^2} - \dfrac{8}{s}$

(2) 半角の公式より，$\sin^2\dfrac{t}{2} = \dfrac{1-\cos t}{2}$．よって

$$\mathcal{L}\left\{\sin^2\frac{t}{2}\right\} = \frac{1}{2}\mathcal{L}\{1-\cos t\} = \frac{1}{2s} - \frac{s}{s^2+1}$$

1.10　(1) $\dfrac{6}{s+4}$．収束座標は -4

(2) $\dfrac{s-3}{s^2-6s+10}$．収束座標は 3

1.11　$\mathcal{L}\{\cos t\} = \dfrac{s}{s^2+1}$ より，微分法則を用いて，

$$\mathcal{L}\{t\cos t\} = -\left(\frac{s}{s^2+1}\right)' = \frac{s^2-1}{(s^2+1)^2}$$

1.12 (1) 交換法則より，$t^2 * t = t * t^2 = \int_0^t (t-\tau)\tau^2\, d\tau = \int_0^t (t\tau^2 - \tau^3)\, d\tau = \frac{t^4}{12}$

よって，$\mathcal{L}\left\{t^2 * t\right\} = \frac{2}{s^5}$.

一方，$\mathcal{L}\left\{t^2\right\} \cdot \mathcal{L}\left\{t\right\} = \frac{2}{s^3}\frac{1}{s^2} = \frac{2}{s^5}$

(2) $t * e^{-t} = e^t - t - 1$ より，$\mathcal{L}\{t * e^{-t}\} = \frac{1}{s-1} - \frac{1}{s^2} - \frac{1}{s} = \frac{1}{s^2(s-1)}$.

一方，$\mathcal{L}\left\{t\right\} \cdot \mathcal{L}\left\{e^t\right\} = \frac{1}{s^2(s-1)}$

(3) $t * \sin t = t - \sin t$ より，$\mathcal{L}\{t * \sin t\} = \frac{1}{s^2} - \frac{1}{s^2+1} = \frac{1}{s^2(s^2+1)}$.

一方，$\mathcal{L}\left\{t\right\} \cdot \mathcal{L}\left\{\sin t\right\} = \frac{1}{s^2(s^2+1)}$

演習問題

1.1 (1) n を整数とすると，$\int_0^{2n\pi} \sin x\, dx = 0$, $\int_0^{(2n+1)\pi} \sin x\, dx = 2$ より，$\lim_{M\to\infty} \int_0^M \sin x\, dx$ は振動するので，広義積分 $\int_0^\infty \sin x\, dx$ は存在しない.

(2) $\int_1^2 \frac{1}{(1-x)^3}\, dx = -\infty$, $\int_0^1 \frac{1}{(1-x)^3}\, dx = +\infty$ より, 広義積分 $\int_0^2 \frac{1}{(1-x)^3}\, dx$ は存在しない.

(3) 部分積分を 2 回行い, $\int_0^M x^2 e^{-x}\, dx = 2 - e^{-M}(M^2+2M+2)$. ロピタルの定理を 2 回適用し，$\lim_{M\to\infty} e^{-M}(M^2+2M+2) = \lim_{M\to\infty} \frac{M^2+2M+2}{e^M} = \lim_{M\to\infty} \frac{2M+2}{e^M} = \lim_{M\to\infty} \frac{2}{e^M} = 0$. よって，$\int_0^\infty x^2 e^{-x}\, dx = 2$

(4) $u = x^2$ で置換. $du = 2x\, dx$ より，$\int_0^\infty x e^{-x^2}\, dx = \int_0^\infty \frac{1}{2} e^{-u}\, du = \frac{1}{2}$. 同様に，$\int_{-\infty}^0 x e^{-x^2}\, dx = -\frac{1}{2}$. 以上より，$\int_{-\infty}^\infty x e^{-x^2}\, dx = \frac{1}{2} - \frac{1}{2} = 0$

(5) $\int_0^\infty \frac{1}{x^2+1}\, dx = [\mathrm{Arctan}\, x]_0^\infty = \frac{\pi}{2}$. 同様に，$\int_{-\infty}^0 \frac{1}{x^2+1}\, dx = \frac{\pi}{2}$. 以上より，$\int_{-\infty}^\infty \frac{1}{x^2+1}\, dx = \pi$

1.2 $\int_0^\infty e^{-t^2} e^{-st}\, dt = \int_0^\infty e^{-(t+s/2)^2 + s^2/4}\, dt = e^{s^2/4} \int_0^\infty e^{-(t+s/2)^2}\, dt$. ここ

で，$u=t+s/2$ と置換すると，(1.2) より，

$$\int_0^\infty e^{-(t+s/2)^2}\,dt=\int_{s/2}^\infty e^{-u^2}\,du\le\int_{-\infty}^\infty e^{-u^2}\,du=\pi$$

よって，任意の s でラプラス積分は収束するので，e^{-t^2} の収束座標は $-\infty$ である．

1.3 $\displaystyle\int_0^\infty e^{t^2}e^{-st}\,dt=\int_0^\infty e^{(t-s/2)^2-s^2/4}\,dt=e^{-s^2/4}\int_0^\infty e^{(t-s/2)^2}\,dt$．ここで，$e^{x^2}\ge e^0=1$ より，

$$\int_0^\infty e^{(t-s/2)^2}\,dt\ge\int_0^\infty 1\,dt=+\infty$$

よって，任意の s でラプラス積分は発散するので，e^{t^2} の収束座標は $+\infty$ である．

1.4 $\displaystyle\Gamma\left(\frac{1}{2}\right)=\int_0^\infty t^{-1/2}e^{-t}\,dt$．$u=t^{1/2}$ で置換すると，$du=\dfrac{1}{2}t^{-1/2}\,dt$，$t=u^2$ より，$\displaystyle\int_0^\infty t^{-1/2}e^{-t}\,dt=\int_0^\infty 2e^{-u^2}\,dt=\sqrt{\pi}$．よって，$\Gamma\left(\dfrac{1}{2}\right)=\sqrt{\pi}$

1.5 (1) $\mathcal{L}\{(t-1)^3\}=\mathcal{L}\{t^3-3t^2+3t-1\}=\dfrac{6}{s^4}-\dfrac{6}{s^3}+\dfrac{3}{s^2}-\dfrac{1}{s}$

(2) 2 倍角の公式より，$\mathcal{L}\left\{\sin\dfrac{t}{2}\cos\dfrac{t}{2}\right\}=\dfrac{1}{2}\mathcal{L}\{\sin t\}=\dfrac{1}{2(s^2+1)}$

(3) 像の微分法則を 2 回適用して，$\mathcal{L}\{t^2\sin t\}=\dfrac{d^2}{ds^2}\left(\dfrac{1}{s^2+1}\right)=\dfrac{2(3s^2-1)}{(s^2+1)^3}$

(4) 像の移動法則より，$\mathcal{L}\{e^{5t}\cos t\}=\dfrac{s-5}{(s-5)^2+1}$．像の微分法則より，

$$\mathcal{L}\{te^{5t}\cos t\}=\frac{s^2-10s+24}{(s^2-10s+26)^2}$$

第2章

2.1 (1) $\dfrac{1}{24}t^4e^{-2t}$

(2) $1+\dfrac{5}{2}t^2-2t^3$

(3) $\dfrac{1}{2}e^{3t}(8+58t+41t^2)$

2.2 (1) $7\cos 3t+3\sin 3t$

(2) $3\cos(\sqrt{2}\,t)+2\sqrt{2}\sin(\sqrt{2}\,t)$

(3) $\dfrac{6-s}{s^2-6s+18}=\dfrac{-(s-3)+3}{(s-3)^2+3^2}$ より，$\mathcal{L}^{-1}\left\{\dfrac{6-s}{s^2-6s+18}\right\}=e^{3t}(\sin 3t-\cos 3t)$

2.3 (1) $\dfrac{2s+2}{2s^2-s-1}=\dfrac{4}{3(s-1)}-\dfrac{1}{3(s+1/2)}$ より，

$$\mathcal{L}^{-1}\left\{\frac{2s+2}{2s^2-s-1}\right\}=\frac{4}{3}e^{t}-\frac{1}{3}e^{-t/2}$$

(2) $\dfrac{s}{(s+1)(s+3)(s+5)}=-\dfrac{1}{8(s+1)}+\dfrac{3}{4(s+3)}-\dfrac{5}{8(s+5)}$ より，

$$\mathcal{L}^{-1}\left\{\frac{s}{(s+1)(s+3)(s+5)}\right\}=-\frac{1}{8}e^{-t}+\frac{3}{4}e^{-3t}-\frac{5}{8}e^{-5t}$$

2.4 (1) $\dfrac{3s^2+2s-5}{(s+2)^2(s-1)^2}=-\dfrac{8}{9(s+2)}+\dfrac{1}{3(s+2)^2}+\dfrac{8}{9(s-1)}$ より，

$$\mathcal{L}^{-1}\left\{\frac{3s^2+2s-5}{(s+2)^2(s-1)^2}\right\}=\frac{8}{9}e^{t}-\frac{8}{9}e^{-2t}+\frac{1}{3}te^{-2t}$$

(2) $\dfrac{2s^3-4s}{(s^2+16)^2}=\dfrac{2s}{s^2+16}-\dfrac{36s}{(s^2+16)^2}$ より，

$$\mathcal{L}^{-1}\left\{\frac{2s^3-4s}{(s^2+16)^2}\right\}=2\cos 4t-\frac{9}{2}t\sin 4t$$

(3) $\dfrac{s^2-3s-4}{(s-1)^2(s^2+1)}=\dfrac{5}{2(s-1)}-\dfrac{3}{(s-1)^2}+\dfrac{-5s+3}{2(s^2+1)}$ より，

$$\mathcal{L}^{-1}\left\{\frac{s^2-3s-4}{(s-1)^2(s^2+1)}\right\}=-\frac{1}{2}e^{t}(6t-5)-\frac{5}{2}\cos t+\frac{3}{2}\sin t$$

2.5 (1) 方程式の両辺をラプラス変換して，$2sY(s)+2+4Y(s)=\dfrac{5}{s}$．よって $Y(s)=\dfrac{5-2s}{2s(s+2)}$．ラプラス逆変換して，$y(t)=\dfrac{5}{4}-\dfrac{9}{4}e^{-2t}$

(2) 方程式の両辺をラプラス変換して，$s^2Y(s)-6s+2sY(s)+2-15Y(s)=0$．よって $Y(s)=\dfrac{6s-2}{(s+5)(s-3)}$．ラプラス逆変換して，$y(t)=4e^{-5t}+2e^{3t}$

2.6 (1) 方程式の両辺をラプラス変換して，$s^2Y(s)+Y(s)=\dfrac{s}{s^2+4}$．よって $Y(s)=\dfrac{s}{(s^2+4)(s^2+1)}$．ラプラス逆変換して，$y(t)=-\dfrac{1}{3}\cos 2t+\dfrac{1}{3}\cos t$

(2) 方程式の両辺をラプラス変換して，$s^2Y(s)-2s+8sY(s)-16-9Y(s)=\dfrac{1}{s-3}$．よって $Y(s)=\dfrac{2s^2+10s-47}{(s-3)(s-1)(s+9)}$．ラプラス逆変換して，$y(t)=\dfrac{1}{24}e^{3t}+\dfrac{7}{4}e^{t}+\dfrac{5}{24}e^{-9t}$

(3) 方程式の両辺をラプラス変換して，$s^2Y(s)+2-5sY(s)+4Y(s)=\dfrac{6}{s-1}$．よって $Y(s)=-\dfrac{2}{(s-1)^2}$．ラプラス逆変換して，$y(t)=-2te^t$

2.7 (1) 方程式の両辺をラプラス変換して，$5sX(s)-26+sY(s)=0$，$X(s)+4sX(s)-22+sY(s)=\dfrac{3}{s}$．これより，$X(s)=\dfrac{4s-3}{s(s-1)}$，$Y(s)=\dfrac{6s-11}{s(s-1)}$．ラプラス逆変換して，$x(t)=3+e^t$，$y(t)=11-5e^t$

(2) 方程式の両辺をラプラス変換して，$sX(s)-9+sY(s)=\dfrac{1}{s^2+1}$，$sX(s)-15-Y(s)+2sY(s)=\dfrac{s}{s^2+1}$．これより，$X(s)=\dfrac{3s^3-10s^2+5s-10}{(s^2+1)s(s-1)}$，$Y(s)=\dfrac{6s^2+s+5}{(s^2+1)(s-1)}$．ラプラス逆変換して，$x(t)=10-\cos t-\sin t-6e^t$，$y(t)=\sin t+6e^t$

演習問題

2.1 (1) $\dfrac{s}{s^3+1}=-\dfrac{1}{3(s+1)}+\dfrac{s+1}{3(s^2-s+1)}=-\dfrac{1}{3(s+1)}+\dfrac{(s-1/2)+3/2}{3\{(s-1/2)^2+3/4\}}$

より，$\mathcal{L}^{-1}\left\{\dfrac{s}{s^3+1}\right\}=-\dfrac{1}{3}e^{-t}+\dfrac{1}{3}e^{t/2}\left(\sqrt{3}\sin\dfrac{\sqrt{3}\,t}{2}+\cos\dfrac{\sqrt{3}\,t}{2}\right)$

(2) $\dfrac{s^3}{s^4-1}=\dfrac{1}{4(s+1)}+\dfrac{1}{4(s-1)}+\dfrac{s}{2(s^2+1)}$ より，$\mathcal{L}^{-1}\left\{\dfrac{s^3}{s^4-1}\right\}=\dfrac{1}{4}(e^t+e^{-t}+2\cos t)$

(3) 方程式 $4s^2-6s+1=0$ の解は $s=\dfrac{3\pm\sqrt{5}}{4}$．これより，$\dfrac{3s-5}{4s^2-6s+1}=\dfrac{1}{10}\left(\dfrac{11\sqrt{5}+15}{4s+\sqrt{5}-3}-\dfrac{11\sqrt{5}-15}{4s-\sqrt{5}-3}\right)$．よって，

$$\begin{aligned}&\mathcal{L}^{-1}\left\{\frac{3s-5}{4s^2-6s+1}\right\}\\&\quad=\frac{1}{40}e^{3t/4}\left\{(15-11\sqrt{5})\exp\left(\frac{\sqrt{5}}{4}t\right)+(15+11\sqrt{5})\exp\left(-\frac{\sqrt{5}}{4}t\right)\right\}\end{aligned}$$

(4) $\dfrac{5s^3-4}{(s^2+1)(s^2+2s+2)}=\dfrac{3s-14}{5(s^2+1)}+\dfrac{22(s+1)-14}{5\{(s+1)^2+1\}}$ より，

$$\mathcal{L}^{-1}\left\{\frac{5s^3-4}{(s^2+1)(s^2+2s+2)}\right\}=\frac{1}{5}(3+22e^{-t})\cos t-\frac{14}{5}(1+e^{-t})\sin t$$

2.2 (1) 方程式の両辺をラプラス変換して，$s^3Y(s)-23-s^2+Y(s)=\dfrac{2}{s^3}$．これより，$Y(s)=\dfrac{s^5+3s^3+2}{s^3(s+1)(s^2-s+1)}$．ラプラス逆変換して，$y(t)=\dfrac{2}{3}e^{-t}+t^2+$

$\frac{1}{3}e^{t/2}\left(\cos\frac{\sqrt{3}\,t}{2}+\sqrt{3}\sin\frac{\sqrt{3}\,t}{2}\right)$

(2) 方程式の両辺をラプラス変換して，$s^3Y(s)-3s^2Y(s)+3sY(s)-Y(s)-2s^2+5s+1=\frac{3s+1}{(s-1)(s+3)}$．これより，$Y(s)=\frac{2s^4-s^3-17s^2+16s+4}{(s+3)(s-1)^4}$．ラプラス逆変換して，

$$y(t)=-\frac{1}{32}e^{-3t}+e^t\left(\frac{1}{6}t^3-\frac{7}{4}t^2-\frac{9}{8}t+\frac{65}{32}\right)$$

(3) 方程式の両辺をラプラス変換して，$s^4Y(s)-Y(s)-2s^2+5s+1=\frac{s(2s^2+5)}{(s^2+4)(s^2+1)}$．これより，$Y(s)=\frac{s(2s^2+5)}{(s^2+4)(s^2+1)^2(s+1)(s-1)}$．ラプラス逆変換して，

$$y(t)=\frac{1}{15}\cos 2t-\frac{5}{12}\cos t-\frac{1}{4}t\sin t+\frac{7}{40}(e^t+e^{-t})$$

(4) $z(t)=y(t+1)$ として関数 $z(t)$ を定めると，$z''+5z'+4z=(t+1)e^{t+1}$，$z(0)=1$，$z'(0)=2$．方程式の両辺をラプラス変換して，$s^2Z(s)-7-s+5sZ(s)+4Z(s)=\frac{es}{(s-1)^2}$．これより，$Z(s)=\frac{s^3+5s^2+(e-13)s+7}{(s-1)^2(s+1)(s+4)}$．ラプラス逆変換して，

$$z(t)=\frac{1}{75}e^{-4t}(4e-75)-\frac{1}{12}e^{-t}(e-24)+\frac{1}{100}e^{t+1}(10t+3)$$

y に戻して，

$$y(t)=z(t-1)=\frac{1}{75}e^{-4t+4}(4e-75)-\frac{1}{12}e^{-t+1}(e-24)+\frac{1}{100}e^t(10t-7)$$

2.3 (1) 方程式の両辺をラプラス変換して，$sX(s)-9-3sY(s)=\frac{4}{4s-3}$，$X(s)-3sX(s)+19+5sY(s)=\frac{6}{s}$．これより，$X(s)=\frac{48s^2-128s+54}{s(4s-3)^2}$，$Y(s)=\frac{-32s^2+24s-5}{s(4s-3)^2}$．ラプラス逆変換して，

$$x(t)=6-\frac{1}{4}e^{3t/4}(12+5t),\quad y(t)=-\frac{5}{9}-\frac{1}{36}e^{3t/4}(52+15t)$$

(2) 方程式の両辺をラプラス変換して，$X(s)+Y(s)+sX(s)+1+sY(s)=\frac{s}{s^2+4}$，$X(s)+2sX(s)+4+4Y(s)+3sY(s)=\frac{2}{s^2+4}$．これより，$X(s)=\frac{s^3+3s^2+6s-2}{(s^2+4)(s+1)(s+3)}$，$Y(s)=-\frac{2s^3+5s^2+7s+10}{(s^2+4)(s+1)(s+3)}$．ラプラス逆変換して，

$$x(t)=\frac{54}{65}\cos 2t+\frac{23}{65}\sin 2t-\frac{3}{5}e^{-t}+\frac{10}{13}e^{-3t},$$
$$y(t)=-\frac{41}{65}\cos 2t+\frac{3}{65}\sin 2t-\frac{3}{5}e^{-t}-\frac{10}{13}e^{-3t}$$

第3章

3.1 略

3.2 (1) $(\boldsymbol{v}_1, \boldsymbol{v}_2) = 0$, $(\boldsymbol{v}_1, \boldsymbol{v}_3) = 0$, $(\boldsymbol{v}_2, \boldsymbol{v}_3) = 0$ より示された.

(2) $c_1 = \dfrac{1}{5}$, $c_2 = \dfrac{1}{\sqrt{6}}$, $c_3 = \dfrac{1}{\sqrt{29}}$

(3) $\boldsymbol{u} = \dfrac{11}{5}\boldsymbol{v}_1 + \dfrac{\sqrt{6}}{6}\boldsymbol{v}_2 + \dfrac{15\sqrt{29}}{29}\boldsymbol{v}_3$

3.3 (1) $f(x) \sim \dfrac{3}{2} + \dfrac{2}{\pi}\left(\sin x + \dfrac{1}{3}\sin 3x + \dfrac{1}{5}\sin 5x + \cdots \right.$
$\left. + \dfrac{1}{2n-1}\sin(2n-1)x + \cdots\right)$

(2) $g(x) \sim -\dfrac{\pi+4}{2} - \dfrac{1}{\pi}\displaystyle\sum_{n=1}^{\infty}\left(\dfrac{(-1)^n - 1}{n^2}\cos nx + \dfrac{(-1)^n(\pi+2) - 2}{n}\sin nx\right)$

3.4 フーリエ級数 $\tilde{g}(x)$ に $x = \pi, -\pi$ を代入したときの値はいずれも 0 である. また, $g(x) = x$ の $x = \pi$ における左側極限値は π, g を周期 2π に拡張したときの $x = \pi$ における右側極限値は $-\pi$ であり, それらの平均は 0 である. $x = -\pi$ における左右極限値の平均も 0 である.

3.5 $x = 0$ は $h(x)$ の連続点であるから, フーリエ級数に $x = 0$ を代入すると, $h(0) = 0$ より, $0 = \dfrac{\pi^2}{3} - 4\left(1 - \dfrac{1}{2^2} + \dfrac{1}{3^2} - \dfrac{1}{4^2} + \cdots + \dfrac{(-1)^{n+1}}{n^2} + \cdots\right)$ なので,

$1 - \dfrac{1}{2^2} + \dfrac{1}{3^2} - \dfrac{1}{4^2} + \cdots + \dfrac{(-1)^{n+1}}{n^2} + \cdots = \dfrac{\pi^2}{12}$ である.

3.6 $\displaystyle\int_{-3}^{3}(4x^5 + 3x^4 - 2x^3 + 6x^2 + 5x - 2)\,dx = 2\int_0^3 (3x^4 + 6x^2 - 2)\,dx = \frac{1938}{5}$

3.7 (1) f は偶関数.

$$f(x) \sim 2\pi - 5 - \frac{16}{\pi}\left(\cos x + \frac{1}{3^2}\cos 3x + \frac{1}{5^2}\cos 5x + \cdots + \frac{1}{(2n-1)^2}\cos(2n-1)x + \cdots\right)$$

(2) g は奇関数. $g(x) \sim \dfrac{2}{\pi}\displaystyle\sum_{n=1}^{\infty}\dfrac{(-1)^n(2\pi+3) - 3}{n}\sin nx$

3.8 g の L^2 ノルムの 2 乗は $\|g\|^2 = \displaystyle\int_{-\pi}^{\pi} x^4\,dx = \frac{2\pi^5}{5}$ であるから，パーセバルの等式より，$\displaystyle\frac{1}{\pi}\frac{2\pi^5}{5} = \frac{1}{2}\left(\frac{2\pi^2}{3}\right)^2 + \sum_{n=1}^{\infty}\frac{16}{n^4}$ である．よって，求める級数の値は，$\displaystyle\sum_{n=1}^{\infty}\frac{1}{n^4} = \frac{\pi^4}{90}$ である．

3.9 (1) $g(x) \sim \dfrac{1}{2}(1-\cos 2x)$

(2) $g(x) \sim \displaystyle\frac{36}{\pi}\sum_{n=1}^{\infty}\frac{(-1)^n - 1}{n(n^2-36)} = -\frac{72}{\pi}\sum_{n=1}^{\infty}\frac{1}{(2n-7)(2n-1)(2n+5)}\sin\frac{(2n-1)\pi x}{2}$

3.10 $f = u + iv$ と実部と虚部に分ける．$e^0 = 1$ との内積を取ると，$(f,1) = \displaystyle\int_{-\pi}^{\pi} u(x)\,dx + i\int_{-\pi}^{\pi} v(x)\,dx = 0$ であるから，両辺の実部，虚部を比較して，$\displaystyle\int_{-\pi}^{\pi} u(x)\,dx = \int_{-\pi}^{\pi} v(x)\,dx = 0$ が分かる．また，オイラーの公式より，任意の正整数 n に対して，

$$\int_{-\pi}^{\pi} f(x)\cos nx\,dx = \frac{1}{2}\{(f,e^{nix}) + (f,e^{-nix})\} = 0,$$
$$\int_{-\pi}^{\pi} f(x)\sin nx\,dx = \frac{1}{2i}\{-(f,e^{nix}) + (f,e^{-nix})\} = 0$$

であるから実部・虚部の比較により，u, v のフーリエ係数はすべて 0 である．よって，$u \equiv 0$, $v \equiv 0$ であるので $f \equiv 0$ である．

3.11 $g(x) \sim \displaystyle\sum_{n=-\infty}^{-1}\frac{(-1)^{n+1}}{n}e^{nix} + \sum_{n=1}^{\infty}\frac{(-1)^n}{n}e^{nix}$

3.12 (1) $(\mathcal{F}f)(u) = \dfrac{2(1-\cos u)}{u^2}$

(2) $(\mathcal{F}g)(u) = \dfrac{2}{u^2+1}$

演習問題

3.1 (1) $f(x) \sim 2\displaystyle\sum_{n=1}^{\infty}\frac{(-1)^{n+1}(\pi^2 n^2 - 6)}{n^3}\sin nx$

(2) $f(x) \sim -\dfrac{1}{2}\sin x + 2\displaystyle\sum_{n=2}^{\infty}\frac{(-1)^n n}{n^2-1}\sin nx$

(3) $f(x) \sim -\dfrac{1}{2} - \dfrac{2}{\pi}\sum_{n=1}^{\infty}\left(\dfrac{\sin\dfrac{n\pi}{2}}{n}\cos nx + \dfrac{(-1)^n - \cos\dfrac{n\pi}{2}}{n}\sin nx\right)$

(4) $f(x) \sim \dfrac{\sqrt{2}\sin(\pi\sqrt{2})}{2\pi} + \dfrac{2}{\pi}\sum_{n=1}^{\infty}\dfrac{(-1)^{n+1}\sqrt{2}\sin(\pi\sqrt{2})}{n^2-2}\cos nx$

3.2 (1) $f(x) \sim \dfrac{e^{\pi}-1}{\pi} + \dfrac{2}{\pi}\sum_{n=1}^{\infty}\dfrac{(-1)^n e^{\pi}-1}{n^2+1}\cos nx$

(2) $f(x) \sim -\dfrac{2}{\pi}\sum_{n=1}^{\infty}\dfrac{n\{(-1)^n e^{\pi}-1\}}{n^2+1}\sin nx$

(3) (1) で f を周期 2π の関数と見たとき，$x=\pi$ は連続点なので，フーリエ余弦級数に $x=\pi$ を代入して，$e^{\pi} = \dfrac{e^{\pi}-1}{\pi} + \dfrac{2}{\pi}\sum_{n=1}^{\infty}\dfrac{(-1)^n e^{\pi}-1}{n^2+1}(-1)^n$. よって，

$$\sum_{n=1}^{\infty}\frac{(-1)^n - e^{\pi}}{n^2+1} = -\frac{(\pi-1)e^{\pi}+1}{2}$$

3.3 f の L^2 ノルムの 2 乗は $\|f\|^2 = \displaystyle\int_{-\pi}^{\pi} x^6\,dx = \dfrac{2\pi^7}{7}$ であるから，パーセバルの等式より，$\dfrac{1}{\pi}\dfrac{2\pi^7}{7} = 4\displaystyle\sum_{n=1}^{\infty}\dfrac{(\pi^2 n^2-6)^2}{n^6} = 4\sum_{n=1}^{\infty}\dfrac{\pi^4 n^4 - 12\pi^2 n^2 + 36}{n^6}$ である．$\displaystyle\sum_{n=1}^{\infty}\frac{1}{n^2} = \frac{\pi^2}{6}$, $\displaystyle\sum_{n=1}^{\infty}\frac{1}{n^4} = \frac{\pi^4}{90}$ を用いると，$\displaystyle\sum_{n=1}^{\infty}\frac{1}{n^6} = \frac{\pi^6}{945}$ が得られる．

3.4 (1) $\dfrac{2(u^2\sin u + 2u\cos u - 2\sin u)}{u^3}$

(2) $-\dfrac{u\sin(\pi u) + i\{\cos(\pi u)+1\}}{u^2-1}$

3.5 (1) 定理 3.15 より，$\dfrac{1}{\pi}\displaystyle\int_{-\infty}^{\infty}\dfrac{(1-\cos u)e^{iux}}{u^2}\,du = \begin{cases} 1-|x| & (|x|<1) \\ 0 & (|x|\geq 1)\end{cases}$ である．オイラーの公式より，被積分関数の実部は偶関数，虚部は奇関数であるから，積分区間を半分にして，$\displaystyle\int_0^{\infty}\frac{(1-\cos u)\cos xu}{u^2}\,du = \begin{cases} \dfrac{\pi}{2}(1-|x|) & (|x|<1) \\ 0 & (|x|\geq 1)\end{cases}$

(2) 定理 3.15 より，$\dfrac{1}{\pi}\displaystyle\int_{-\infty}^{\infty}\dfrac{e^{iux}}{u^2+1}\,du = e^{-|x|}$ である．(1) と同様に，積分区間を

半分にして, $\displaystyle\int_0^\infty \frac{\cos xu}{1+u^2}\,du = \frac{\pi}{2}e^{-|x|}$

第4章

4.1 (1) $f(x,y)=\cos(3x+4y)$ とおく.

$$\frac{\partial f}{\partial x}=-3\sin(3x+4y),\quad \frac{\partial f}{\partial y}=-4\sin(3x+4y),$$
$$\frac{\partial^2 f}{\partial x^2}=-9\cos(3x+4y),\quad \frac{\partial^2 f}{\partial x\partial y}=\frac{\partial^2 f}{\partial y\partial x}=-12\cos(3x+4y),$$
$$\frac{\partial^2 f}{\partial y^2}=-16\cos(3x+4y)$$

(2) $g(x,y)=(x^2+2xy-5)^3$ とおく.

$$\frac{\partial g}{\partial x}=6(x^2+2xy-5)^2(x+y),\quad \frac{\partial g}{\partial y}=6(x^2+2xy-5)^2(x+y)x,$$
$$\frac{\partial^2 g}{\partial x^2}=6(x^2+2xy-5)(5x^2+10xy+4y^2-5),$$
$$\frac{\partial^2 g}{\partial x\partial y}=\frac{\partial^2 g}{\partial y\partial x}=6(x^2+2xy-5)(5x^2+6xy-5),\quad \frac{\partial^2 g}{\partial y^2}=24(x^2+2xy-5)x^2$$

(3) $h(x,y)=e^{x+2y}\sin(6x-5y)$ とおく.

$$\frac{\partial h}{\partial x}=e^{x+2y}\{\sin(6x-5y)+6\cos(6x-5y)\},$$
$$\frac{\partial h}{\partial y}=e^{x+2y}\{2\sin(6x-5y)-5\cos(6x-5y)\},$$

$$\frac{\partial^2 h}{\partial x^2}=e^{x+2y}\{-35\sin(6x-5y)+12\cos(6x-5y)\}),$$
$$\frac{\partial^2 h}{\partial x\partial y}=\frac{\partial^2 h}{\partial y\partial x}=e^{x+2y}\{32\sin(6x-5y)+7\cos(6x-5y)\},$$
$$\frac{\partial^2 h}{\partial y^2}=e^{x+2y}\{-21\sin(6x-5y)+20\cos(6x-5y)\}$$

4.2 (1) $u(x,t)=2e^{-t}\sin x+9e^{-49t}\sin 7x$

(2) x^2 のフーリエ正弦級数は $x^2\sim\displaystyle\sum_{n=1}^{\infty}\left\{(-1)^{n+1}\frac{2\pi}{n}-(1+(-1)^{n+1})\frac{4}{n^3\pi}\right\}\sin nx$

であることから, 求める解は,

$$u(x,t)=\sum_{n=1}^{\infty}\left\{(-1)^{n+1}\frac{2\pi}{n}-(1+(-1)^{n+1})\frac{4}{n^3\pi}\right\}e^{-n^2t}\sin nx$$

4.3 $u(x,t) = 2\sum_{n=1}^{\infty} \frac{(-1)^{n+1}}{n} \cos nt \sin nx$

演習問題

4.1 $u(x,t) = e^{-t}\cos x$（この場合はフーリエ正弦級数は用いない）

4.2 $3\sin^2 \pi x = \frac{3 - 3\cos 2\pi x}{2}$ の $[0,4]$ におけるフーリエ正弦級数は $3\sin^2 \pi x \sim \frac{192}{\pi}\sum_{n=1}^{\infty} \frac{(-1)^n - 1}{n(n^2-64)} \sin \frac{n\pi x}{4}$ であり，x の $[0,4]$ におけるフーリエ正弦級数は $x \sim \frac{8}{\pi}\sum_{n=1}^{\infty} \frac{(-1)^{n+1}}{n} \sin \frac{n\pi x}{4}$ であるから，求める解は

$$u(x,t) = \frac{8}{\pi}\sum_{n=1}^{\infty}\left\{\frac{24\{(-1)^n - 1\}}{n(n^2-64)}\cos\frac{n\pi t}{4} + \frac{4(-1)^{n+1}}{\pi n^2}\sin\frac{n\pi t}{4}\right\}\sin\frac{n\pi x}{4}$$

4.3 まず，任意の微分可能な f に対して，$u(x,y) = f(x+y)$ が解であることを示す．合成関数の微分法より，

$$\frac{\partial u}{\partial x} = f'(x+y)\frac{\partial}{\partial x}(x+y) = f'(x+y), \quad \frac{\partial u}{\partial y} = f'(x+y)\frac{\partial}{\partial y}(x+y) = f'(x+y)$$

より $\frac{\partial u}{\partial x} = \frac{\partial u}{\partial y}$ を満たしている．逆に，$u(x,y)$ をこの方程式の解とする．$s = x+y$, $t = x-y$ とおくと，$x = \frac{s+t}{2}$, $y = \frac{s-t}{2}$ より，$U(s,t) = u\left(\frac{s+t}{2}, \frac{s-t}{2}\right)$ と定めると，u を (s,t) の関数と見ることができる．このとき，合成関数の偏微分法より，

$$\frac{\partial U}{\partial t} = \frac{\partial u}{\partial x}\frac{\partial x}{\partial t} + \frac{\partial u}{\partial y}\frac{\partial y}{\partial t} = \frac{1}{2}\frac{\partial u}{\partial x} - \frac{1}{2}\frac{\partial u}{\partial y} = 0$$

よって，$U(s,t)$ は t の変化により影響を受けないので t によらない関数であり，$U(s,t) = f(s)$ とおける．よって，$u(x,y) = f(s) = f(x+y)$ と表される．

索　　引

た　行

な　行

は　行

ま　行

ら　行

英字

著者略歴

泉　英明（いずみ　ひで　あき）

1992年　東北大学理学部数学科卒業
1998年　東北大学大学院理学研究科数学専攻博士後期課程修了
日本学術振興会特別研究員（PD）
千葉工業大学情報科学部講師を経て
現　在　千葉工業大学情報科学部教授　博士（理学）

新・数理／工学ライブラリ［数学］＝5
理工学のための
ラプラス変換・フーリエ解析

2018年9月10日 © 初版発行

著者　泉　英明　　発行者　矢沢和俊
印刷者　山岡景仁
製本者　米良孝司

【発行】　株式会社　数理工学社
〒151–0051 東京都渋谷区千駄ヶ谷1丁目3番25号
☎ (03) 5474–8661（代）　サイエンスビル

【発売】　株式会社　サイエンス社
〒151–0051 東京都渋谷区千駄ヶ谷1丁目3番25号
営業　☎ (03) 5474–8500（代）　振替 00170–7–2387
FAX　☎ (03) 5474–8900

印刷　三美印刷　　製本　ブックアート

《検印省略》

ISBN978–4–86481–056–2

PRINTED IN JAPAN

サイエンス社のホームページのご案内
http://www.saiensu.co.jp
ご意見・ご要望は
rikei@saiensu.co.jp まで．